编委会

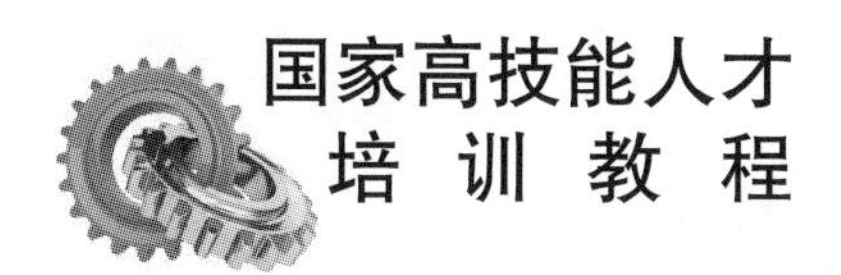

S7-200PLC 一体化实训教程

S7-200PLC
YITIHUA SHIXUN JIAOCHENG

主　编　陈爱民
副主编　何德生　陈新红

云南大学出版社
YUNNAN UNIVERSITY PRESS

图书在版编目（CIP）数据

S7-200PLC 一体化实训教程 / 陈爱民主编 . -- 昆明：云南大学出版社，2020
国家高技能人才培训教程
ISBN 978-7-5482-4144-7

Ⅰ . ① S… Ⅱ . ①陈… Ⅲ . ① PLC 技术—高等职业教育—教材 Ⅳ . ① TM571.61

中国版本图书馆 CIP 数据核字 (2020) 第 192388 号

策　　划：朱　军　孙吟峰
责任编辑：蔡小旭
装帧设计：王婳一

国家高技能人才培训教程

S7-200PLC
一体化实训教程

主　编　陈爱民
副主编　何德生　陈新红

出版发行：云南大学出版社
印　　装：昆明理煋印务有限公司
开　　本：787mm × 1092mm　1/16
印　　张：9
字　　数：196 千
版　　次：2020 年 11 月第 1 版
印　　次：2020 年 11 月第 1 次印刷
书　　号：ISBN 978-7-5482-4144-7
定　　价：45.00 元

社　　址：云南省昆明市翠湖北路 2 号云南大学英华园内（650091）
电　　话：（0871）65033307　65033244
网　　址：http://www.ynup.com
E-mail：market@ynup.com

若发现本书有印装质量问题，请与印厂联系调换，联系电话：0871-64167045。

前　言

本书是在现有的各种S7-200PLC教材的基础上编写而成的，介绍了PLC的结构、常用基本指令、功能指令，结合工程实际，设计了一些典型应用案例，便于学生学习和理解。

本书的编写遵循由易到难，由小到大的规律，根据实用、易学、好教的原则编写。在内容上不求全面，但注重突出基础性、实用性和可操作性，以技术应用能力为主线、以项目课程为主体、以职业能力为本位、重视素质教育的模块化课程体系。突出“能力、应用、技术”的特色，理论内容不考虑系统性和连续性，力求管用、适用、够用，合理确定知识目标、能力目标。本书按知识与技能的掌握程度，采取循序渐进的方法，设计了大量学生分析、讨论和动手实践环节，充分调动学生学习的主动性和积极性。通过这些教学活动、教学方法的设计，强化教学的互动性。本书在结构上，按项目化、模块化的方式布置。

本书采用任务引领的教学模式，每个任务由任务目标、任务要求、任务准备、任务实施、任务评价、任务拓展、课后作业等七部分组成。目的是帮助读者进一步理解本课程的基本内容，明确学习的基本要求；掌握重点、难点所在，通过习题练习加深理解、巩固教材内容；掌握本门课程的基本理论、基础知识、基本方法和基本技能，从而达到良好的学习效果。

本书的内容为S7-200PLC的基础应用，可供中高等职业院校机械、机电等专业学生的使用，也可用于企业人员的技能培训。

本书在编写过程中得到了楚雄技师学院各级领导、老师的大力支持和帮助，在此表示感谢。

因编者水平有限，书中难免会有错漏之处，敬请广大读者批评指正。

编　者

2020 年 5 月

目 录

项目一　基础任务

任务1　PLC基础

◇任务目标◇

认识PLC的产生、发展、分类、主要功能及特点；理解PLC的工作原理，掌握PLC的基本结构。

建议课时：8学时。

◇任务要求◇

1. 掌握PLC硬件结构的组成及各部分作用；
2. 了解PLC存储器的组成；
3. 掌握PLC输出模块的形式；
4. 理解PLC的工作原理，掌握继电器接触器控制的不同之处；
5. 掌握PLC常用的编程语言；
6. 理解PLC运行模式下的工作过程。

◇任务准备◇

一、知识准备

1. PLC的含义

PLC是可编程逻辑控制器的英文缩写，即Programmable Logic Controller。它被广泛应用于各种生产机械和过程自动控制系统中。

它采用了可编程序的存储器，用来在其内部存储执行逻辑运算、顺序控制、定时、计数和算术运算等操作指令，并通过数字式或模拟式输入和输出，控制各种类型的机械设备或生产过程。可编程逻辑控制器及其有关的外围设备，都应按易于与工业控制系统形成一个整体、易于扩充其功能的原则设计。

PLC是通用的、可编程序的、专用于工业控制的计算机控制设备。

2. PLC 的产品系列

世界上的 PLC 产品可按地域分成三大类，即美国产品、德国产品和日本产品。美国和德国以大、中型 PLC 闻名，而日本则以小型 PLC 著称。

（1）美国的 PLC 产品。

美国是 PLC 生产大国，著名的有 AB 公司、通用电气（GE）公司、莫迪康（Modicon）公司等。其中 AB 公司是美国最大的 PLC 制造商，其产品约占美国 PLC 市场的一半。

（2）德国的 PLC 产品。

德国的 PLC 生产厂商主要有西门子（Siemens）公司、AEG 公司等。西门子公司的电子产品以性能精良而久负盛名。西门子公司的 PLC 主要产品是 S5、S7 系列。在 S5 系列中，S5-90U、S-95U 属于微型整体式 PLC；ST 系统中主有 S7-200、S7-300 等。

（3）日本的 PLC 产品。

日本的小型 PLC 最具特色，在小型机领域中颇负盛名。日本有许多 PLC 制造商，如三菱、欧姆龙（Omron）、松下、富士、日立、东芝等公司。

三菱电动机公司的 PLC 是较早进入中国市场的产品。FX2N 的高功能整体式小型机，各种功能都有了全面的提升。近年来还不断推出了满足不同需求的微型 PLC，ST 系列中主有 FXOS、FXIS、FXON、FXIN 等系列产品。

在松下公司的 PLC 产品中，FPO 为微型机，FP3 为中型机，FP20 为大型机，是最新产品。

（4）我国的 PLC 产品。

国产 PLC 在中国 PLC 市场所占份额很小，生产厂家有无锡的光洋、上海的香岛和南京的嘉华等。

3. PLC 基本结构

（1）PLC 硬件系统。

PLC 实质上是一种工业控制用的专用计算机，PLC 系统与微型计算机结构基本相同，也是由硬件系统和软件系统两大部分组成。通用型 PLC 的硬件基本结构如图 1-1-1 所示。

通用型 PLC 的硬件基本结构主要由中央处理单元 CPU、存储器、输入 / 输出（I/O）模块及电源组成。主机内各部分之间均通过总线连接。总线分为电源总线、控制总线、地址总线和数据总线。各部件的作用如下：

①中央处理单元 CPU。PLC 的 CPU 与微机的 CPU 一样，是 PLC 的核心部分，它按 PLC 中系统程序赋予的功能，接收并存储从编程器键入的用户程序和数据；用扫描方式查询现场输入装置的各种信号状态或数据，并存入输入过程状态寄存器或数据寄存器中；诊断电源及 PLC 内部电路工作状态和编程过程中的语法错误等；在 PLC 进入运行状态后，从存储器逐条读取用户程序，经过命令解释后，按指令规定的任务产生相应的控制信号，启闭有关的控制电路；分时、分渠道地去执行数据的存取、传送、组合、比较和变换等动作，完成用户程序中规定的逻辑运算或算术运算等任务；根据

运算结果，更新有关标志位的状态和输出状态寄存器的内容，再由输出状态寄存器的位状态或数据寄存器的有关内容实现输出控制、制表打印、数据通信等功能。以上这些功能都是在 CPU 的控制下完成的。

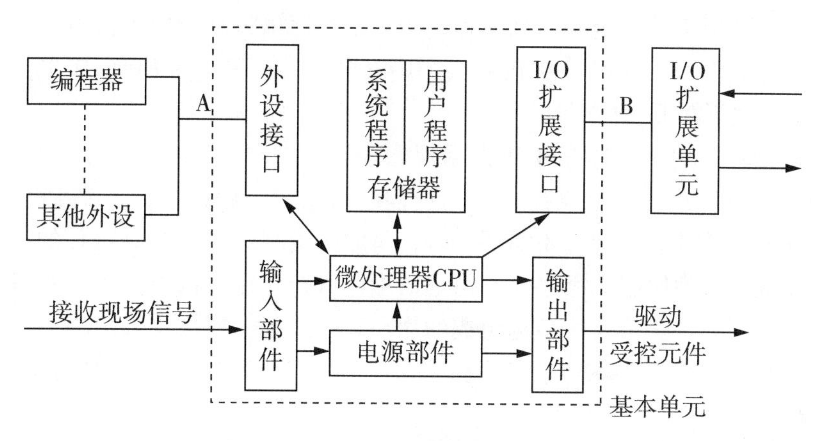

图 1–1–1　PLC 的硬件基本结构

②存储器。存储器（简称内存）是用来存储数据或程序的。它包括随机存取存储器（RAM）和只读存储器（ROM）。PLC 配有系统程序存储器和用户程序存储器，分别用以存储系统程序和用户程序。系统程序存储器用来存储监控程序、模块化应用功能子程序和各种系统参数等，一般使用 EPROM；用户程序存储器用作存放用户编制的梯形图等程序，一般使用 RAM，若程序不经常修改，也可写入 EPROM 中。存储器的容量以字节为单位。系统程序存储器的内容不能由用户直接存取，因此一般在产品样本中所列的存储器型号和容量，均是指用户程序存储器。

③输入 / 输出（I/O）模块。I/O 模块是 CPU 与现场 I/O 设备或其他外部设备之间的连接部件。PLC 提供了各种操作电平和输出驱动能力的 I/O 模块供用户选用。I/O 模块可以制成各种标准模块，根据输入、输出点数来增减和组合。I/O 模块还配有各种发光二极管来指示各种运行状态。

输入接口电路通常有三种类型，第一种是直流 12~24 V 输入，第二种是交流 100~120 V、200~240 V 输入，第三种是交流 12~24 V 输入。

输出接口电路有继电器输出、晶体管输出和晶闸管输出三种形式。

④电源。PLC 配有开关式稳压电源模块，用来对 PLC 的内部电路供电。

⑤编程器。编程器不仅用作用户程序的编制、编辑、调试和监视，还可以通过键盘去调用和显示 PLC 的一些内部状态和系统参数。它经过接口与 CPU 直接，完成人机对话。

编程器分为简易型和智能型两种。简易型编程器只能在线编程，它通过一个专用接口与 PLC 连接。智能型编程器既可在线编程又可离线编程，还可以远离 PLC，插到现场控制站的相应接口进行编程。智能型编程器有许多不同的应用程序软件包，功能齐全，适应的编程语言和方法也较多。

（2）PLC 软件系统。

PLC 的软件系统是指 PLC 所使用的各种程序的集，它包括系统程序和用户程序。

①系统程序。系统程序包括监控程序、编译程序及诊断程序等。监控程序又称为管理程序，主要用于管理全机。编译程序用来把程序语言翻译成机器语言。诊断程序用来诊断机器故障。系统程序由 PLC 生产厂家提供，并固化在 EPROM 中，用户不能直接存取，故也不需要用户干预。

②用户程序。用户程序是用户根据现场控制的需要，用 PLC 的程序语言编制的应用程序，用以实现各种控制要求。用户程序由用户用编程器键入到 PLC 内存。小型 PLC 的用户程序比较简单，不需要分段，是顺序编制的。大中型 PLC 的用户程序很长，也比较复杂，为使用户程序编制简单清晰，可按功能结构或使用目的将用户程序划分成各个程序模块。按模块结构组成的用户程序，每个模块用来解决一个确定的技术功能，能使很长的程序编制得易于理解，还使得程序的调试和修改变得很容易。

4. PLC 工作原理

继电器控制系统是由三部分组成的，即输入部分、逻辑部分、输出部分。输入部分是指各类按钮、开关等；逻辑部分是指由各种继电器及其触点组成的实现一定逻辑功能的控制线路；输出部分是指各种电磁阀线圈，接通电动机的各种接触器以及信号指示灯等执行电器。图 1-1-2 所示为继电器控制电动机正反转电路。

与继电器控制系统类似，PLC 也是由输入部分、逻辑部分和输出部分组成，图 1-1-3 所示为 PLC 控制电动机正反转电路，PLC 各部分的主要作用如下：

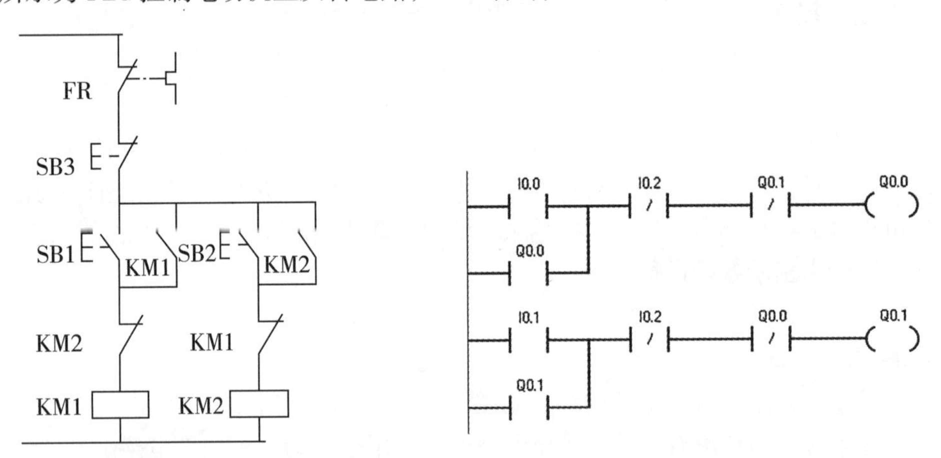

图 1-1-2　继电器控制电动机正反转电路　　**图 1-1-3　PLC 控制电动机正反转电路**

①输入部分：收集并保存被控对象实际运行的数据信息（被控对象上的各种开关量信息或操作命令等）。

②逻辑部分：处理输入部分取得的信息，并按照被控对象的实际动作要求正确地反映。

③输出部分：确定正在被控制的装置中，哪几个设备需要实施操作处理。

用户程序通过编程器或其他输入设备输入信号并存放在 PLC 的用户存储器中。

PLC 的工作过程分为三个阶段，即输入采样阶段、程序执行阶段和输出刷新阶段。

①输入采样阶段。PLC 在输入采样阶段，首先扫描所有输入端子，并将各输入存入内存中各对应的输入映象寄存器。此时，输入映象寄存器会被刷新。接着进入程序执行阶段，在程序执行阶段或输出阶段，输入映象寄存器与外界隔离，无论信号如何变化，其内容保持不变，直到下一个扫描周期的输入采样阶段，它才会重新写入输入端的新内容。

②程序执行阶段。根据 PLC 的程序扫描原则，PLC 按照先左后右、先上后下的顺序对每条指令逐句扫描。当指令涉及输入、输出状态时，PLC 从输入映象寄存器中读入对应输入映象寄存器的当前状态，然后，再进行相应的运算，并将运算结果存入元件映象寄存器中。对元件映象寄存器来说，每一个元件都会随着程序执行过程而变化。

③输出刷新阶段。在所有指令执行完毕后，输出映象寄存器中所有输出继电器的状态在输出刷新阶段转存到输出锁存寄存器中，通过一定方式输出，驱动外部负载。

采用集中采样、集中输出工作方式的特点：在采样周期中，将所有输入信号（不管该信号当时是否采用）一起读入，此后在整个程序处理过程中 PLC 系统与外界隔绝，直到输出控制信号到下一个工作周期再与外界交涉，从根本上提高了系统的抗干扰性，从而提高了工作的可靠性。

5. PLC 的编程语言

（1）梯形图编程（LAD）。

梯形图编程有时又称继电器梯形逻辑图编程。这种方法在当今使用较为广泛，对此，我们将在介绍基本指令的应用中对其作详细介绍。它使用较广泛的主要原因是它和以往的继电器控制线路十分接近。图 1-1-4 所示是典型的 PLC 梯形图，两边垂直的线称为母线，在母线之间通过串并（与、非）关系构成一定的逻辑关系。

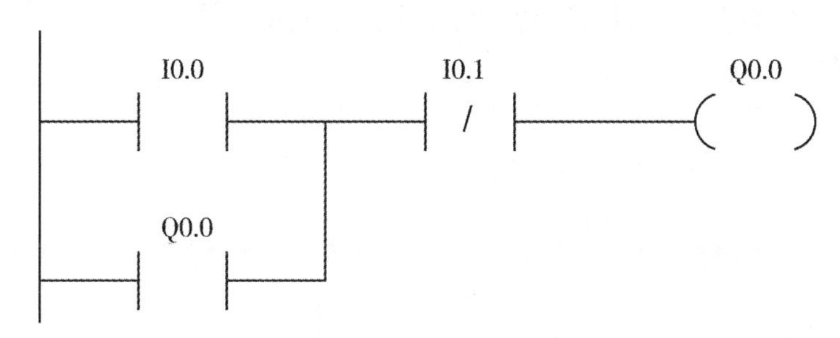

图 1-1-4　PLC 梯形图

PLC 中还有一个关键的概念“能流”（powerplow）。如图 1-1-4 所示，把梯形图中左边的母线假想为电源的“火线”，右边的母线假想为“零线”，如果有“能流”，则从左至右流向线圈，线圈被激励。母线中是否有“能流”流过，即线圈能否被激励，关键主要取决于母线的逻辑线路是否接通。应该强调指出的是，“能流”是我们假想的，便于理解梯形图各输出点的动作，实际并不存在。

（2）功能图编程（funotwn chart programming）。

功能图编程是一种较新的编程方法。它的作用是用功能图来表达一个顺序控制过程。本书将在以后的章节中详细介绍这种方法。目前国际电工委员会（IEC）也正在实施这种方法。图 1-1-5 是功能图编程的例子。

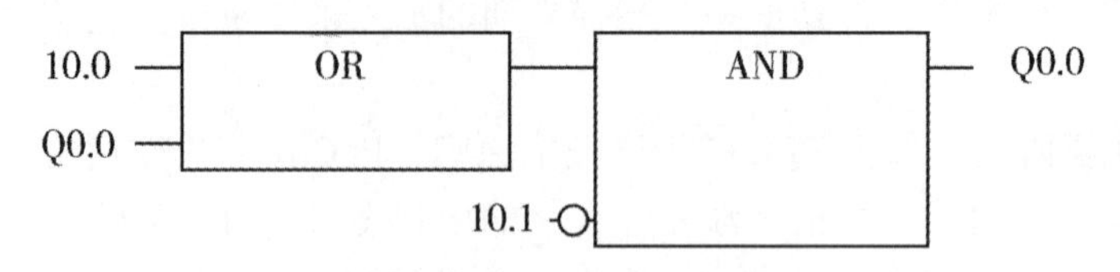

图 1-1-5　功能图编程

（3）语句表（STL）。

语句表（STL），如图 1-1-6 所示，是使用助记符来表达 PLC 的各种控制功能的，可以使用简易编程器编程，但比较抽象，一般与梯形图配合使用，互为补充。

ID	I0.0
O	O0.0
AN	I0.1
=	Q0.0

图 1-1-6　语句表

6. PLC 的发展趋势

PLC 自 1969 年问世以来，日本、美国、德国、法国等发达国家已相继开发了各自的 PLC，这使 PLC 得到了快速的发展。特别是 20 世纪 70 年代中期，在 PLC 中全面引入了微机技术，使得其功能日益完善，再加上其小型化、价格低、可靠性高的特点，更加奠定了它在现代工业中的位置。

从未来的发展来看，PLC 可能会向下列几个方面发展：

①产品规模向大、小两个方向发展。

②体系结构开放化及通信功能标准化。

③ I/O 模块智能化及专业。

④编程组态软件图形化。

⑤发展容错计数采用热备用或并行工作、多数表决的工作方式。

另外，PLC 产品还可以广泛采用计算机信息处理技术、网络通信技术和图形显示技术，使可编程控制系统的生产控制功能和信息管理功能融为一体，实现控制与管理功能一体化。

二、工量具及材料准备

表 1–1–1　工量具及材料清单

序号	名称	型号规格	数量	备注
1	PLC 控制系统	不限	1 套	

◇任务实施◇

表 1–1–2　工作任务指引

步骤	任务	要求
步骤 1	回答相关问题	正确
步骤 2	根据 PLC 输入 / 输出地址分配表，绘制接线图	正确

1. 回答以下问题

（1）PLC 的硬件由哪几部分组成？各部分有何作用？

（2）PLC 的存储器有哪些？各自的特点如何？

（3）PLC 输出接口有哪几种类型？

（4）PLC 的工作过程分为哪几个阶段？

（5）PLC 的工作特点有哪些？

2. 根据表 1-1-3，画出接线图

表 1-1-3　I/O 分配表

输入		输出	
外部元件	地址（输入继电器）	外部元件	地址（输出继电器）
SB1	I0.0	KM1	Q0.1
SB2	I0.1	KM2	Q0.2
SB3	I0.2	KM3	Q0.3
		HL	Q0.0

（1）画出接线图。

（2）根据所画接线图，在可编程控制器上进行接线练习。

◇任务评价◇

表 1-1-4　认识 PLC 评价表

<table>
<tr><td colspan="3">班级：________
小组：________
姓名：________</td><td colspan="6">指导教师：________
日　　期：________</td></tr>
<tr><td rowspan="2">评价项目</td><td rowspan="2">评价标准</td><td rowspan="2">评价依据</td><td colspan="3">评价方式</td><td rowspan="2">权重</td><td rowspan="2">得分小计</td></tr>
<tr><td>学生自评 20%</td><td>小组互评 30%</td><td>教师评价 50%</td></tr>
<tr><td>职业素养</td><td>1. 作风严谨、自觉遵章守纪
2. 按时、按质完成工作任务
3. 积极主动承担工作任务，勤学好问
4. 人身安全与设备安全
5. 工作岗位 7S 完成情况</td><td>1. 出勤情况
2. 工作态度
3. 劳动纪律
4. 团队协作精神</td><td></td><td></td><td></td><td>0.2</td><td></td></tr>
<tr><td>专业能力</td><td>1. 知识点回答情况
2. 接线图绘制情况</td><td>1. 回答的准确性
2. 项目完成情况</td><td></td><td></td><td></td><td>0.7</td><td></td></tr>
<tr><td>创新能力</td><td>1. 在任务完成过程中能提出自己的见解或方案
2. 在教学中提出的建议具有创新性</td><td>1. 方案的可行性
2. 建议的可行性</td><td></td><td></td><td></td><td>0.1</td><td></td></tr>
<tr><td>合计</td><td></td><td></td><td></td><td></td><td></td><td></td><td></td></tr>
</table>

◇任务拓展◇

了解在工业生产中 PLC 控制的案例。

◇课后作业◇

1. PLC 由几部分组成？它有哪些功能？
2. PLC 控制系统与继电器 - 接触器控制系统各自的特点是什么？
3. PLC 的工作原理是什么？简述 PLC 的扫描工作过程。

任务 2　S7-200PLC 系统配置

◇任务目标◇

掌握 S7-200PLC 的基本结构和 CPU226 模块的基本配置。
建议课时：4 学时。

◇任务要求◇

1. 掌握 S7-200PLC 的基本结构；
2. 掌握 S7-200PLC 的扩展模块；
3. 掌握 S7-200PLC（CPU226）模块的基本配置和扩展模块配置。

◇任务准备◇

一、知识准备

1. 系统基本组成

西门子 PLC S7-200 系列的应用范围非常广泛，它是 SIMATIC S7 家族中的小型可编程控制器，适用于各行各业、各种应用场合中的检测、监测及控制的自动化。从简单到复杂的自动化控制系统中，都可以通过它来满足各种工艺要求。西门子 S7-200PLC 性能较为强大，其运行速度快、体积小、通信功能强、性价比高。西门子 S7-200PLC 的外形如图 1-2-1 所示。

图 1-2-1　S7-200PLC

西门子 S7-200PLC 系列的所有 CPU 都分为两种类型，即 AC/DC/ 继电器和 DC/DC/DC 两种，分别表示输入电压为 220 V 交流，输出为 24 V 或 220 V 和输入电压为 24 V

直流，输出为 24 V。

S7-200 PLC 由基本单元（CPU 模块）、个人计算机或编程器、STEP7-Micro/WIN32 编程软件及通信电缆等构成。

（1）基本单元。

基本单元（CPU 模块）也称为主机，由中央处理单元（CPU）、电源、数字量输入 / 输出单元组成，这些单元都被紧凑地安装在一个独立的装置中，其外部结构如图 1-2-2 所示。

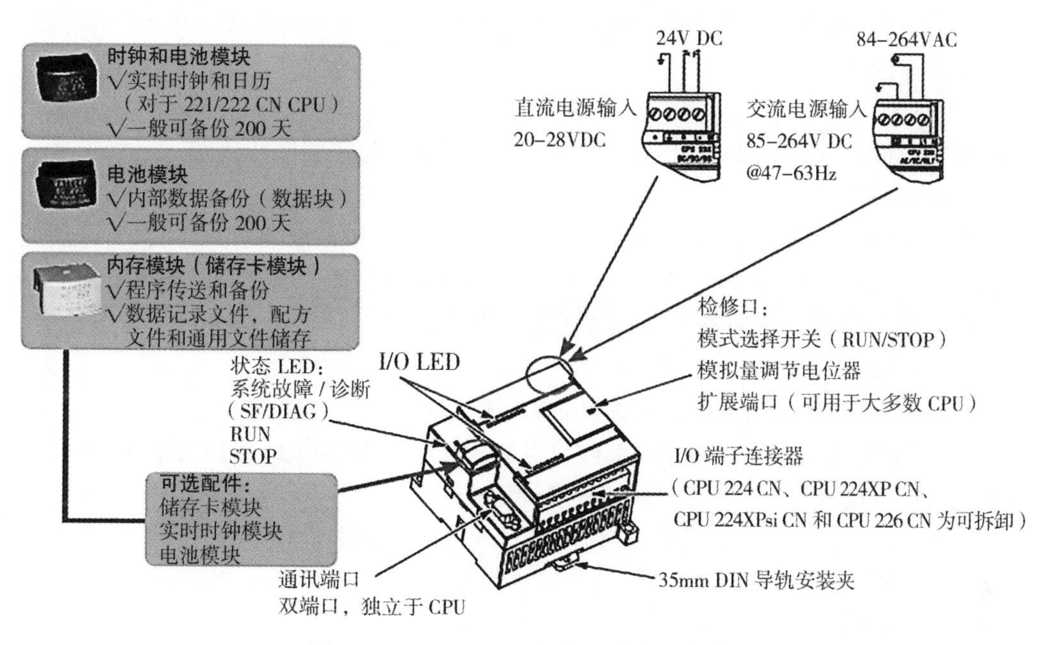

图 1-2-2 S7-200 PLC 外形结构图

1）中央处理单位（CUP）。

目前 S7-200 PLC 主要有点 CUP211、CUP222、CUP224 和 CUP226 四种。其中 CPU226 PLC 集成了 24 点输入 /16 点输出，共 40 个数字量 I/O。可链接 7 个扩展模块，最大可扩展至 248 点数字量 I/O 点或 35 路模拟量 I/O。S7-200 PLC 的 CPU 各部分作用如下：

①状态指示灯 LED 显示 CUP 所处的工作状态。

②存储卡接口可以插入存储卡。

③通信接口可以链接 RS-485 总线的通信电缆。

④顶部端子盖下面为输出端子和 PLC 供电电源端子。输出端子的运行状态可以由顶部端子盖下方一排指示灯显示，ON 状态对应指示灯亮。底部端子盖下面为输出端子和传感器电源端子。输入端子的运行状态可以由底部端子盖上方一排指示灯显示，ON 状态对应指示灯亮。

⑤前盖下面有运行、停止开关和接口模块插座。将开关拨向停止位置时，PLC 处于停止状态，此时可以对其编写程序；将开关拨向运行位置时，PLC 处于运行状态，

此时不能对其编写程序；将开关拨向监控状态，可以运行程序，同时还可以监视程序运行的状态。接口插座用于连接扩展模块实现 I/O 扩展。

2）存储器。

S7-200 PLC 的存储器与通用性 PLC 基本一致。

3）通信口。

在 S7-200PLC 主机模块上都至少有一个或多个通信口。通信口可与手持式编程器、计算机或其他的外围设备相连，以实现编程、调试、运行、监视、打印和数据传送等功能。S7-200PLC 提供的是 RS-485 串行通信接口，需要经过专业的 PC/PPI 电缆与计算机连接。

4）电池。

在主机模块中通常配有锂电池，用于在掉电时保存用户程序和数据。

5）LED 灯。

在主机模块上安装有 LED 指示灯，用于指示 PLC 电源（POWER）、运行（RUN）、编程（PROG）、测试（TEST）、断开（BREAK）、出错（ERROR）、电池电量不足（BATT）、警告（ALARM）等工作状态。

6）I/O 端子。

PLC 的 I/O 功能主要靠配置各种 I/O 模块来实现。

I/O 是 PLC 主机为了扩展 I/O 点数和类型的部件。I/O 端子的接口有输入 / 输出扩展接口、串行接口和双口存储器接口等多种形式。

根据控制需要，PLC 主机可以通过 I/O 扩展接口扩展系统。

（2）编程设备。

1）个人计算机。

个人计算机（PC）装上 STEP7-Micro/WIN32 编程软件后，即可供用户进行程序的编制、编辑、调试和监视等。

2）手持编程器。

西门子手持编程器虽然体积小，携带方便，但是能编辑的指令少，现在因为笔记本电脑的普及，手持式编程器正在逐步地被淘汰。

（3）编程软件。

此部分内容将在后面的任务中学习

（4）通信电缆。

连接 S7-200 PLC 和编程设备的方式有两种：通过 PPI 多主站电缆连接以及通过带有 MPI 电缆的通信处理器（CP）连接。要将计算机连接到 S7-200 PLC 上，使用 PPI 多主站编程电缆是最经济和最常用的方式。它将 S7-200 PLC 的编程接口和计算机 RS-232 相接。PPI 多主站编程电缆也能用来将其他通信设备连接到 S7-200 PLC 上。

（5）人机界面。

人机界面主要指专用操作员界面，例如，操作员面板、触摸屏、文本显示器等，这些设备可以使用户通过友好的操作界面轻松地完成各种调试和控制任务。

S7–200PLPLC 系列 CPU 提供一定数量的主机数字量 I/O 点，当主机点数不够或者处理的信息是模拟量时，就必须使用扩展接口模块。S7–200PLC 的接口模块有模拟量 I/O 模块、数字量 I/O 模块和智能模块等。

2. 输入 / 输出模块

（1）模拟量 I/O 模块。

1）模拟量输入模块。

模拟量信号是一种连续变化的物理量，如电流、电压、温度、压力、位移、速度等。由于 PLC 的 CPU 只能接收数字信号，所以必须先对这些模拟量进行模 / 数（A/D）转换。模拟量输入模块就是用来将模拟信号转换成 PLC 所能接收的数字信号的。一般先用现场信号变送器把它们变换成统一的标准信号（如 4~20 mA 的直流电流信号、0~5 V 的直流电流电压信号等），然后再送入模拟量输入模块，将模拟量信号转换成数字量信号，以便 PLC 的 CPU 进行处理。

2）模拟量输出模块。

在工业控制中，有些现场设备需要用模拟量信号控制，例如电动阀门、液压电磁阀等执行机构，需要用连续变化的模拟信号来控制或驱动。这就要求把 PLC 输出的数字量变换成模拟量，以满足这些设备的需求。

模拟量输出模块的作用就是把 PLC 输出的数字量信号转换成相应的模拟信号，以适应模拟量控制的要求。

（2）数字量 I/O 模块。

S7–200PLC 主机输入、输出点数不能满足控制的需要时，可以选配各种数字量模块来扩展。数字量模块有数字量输入模块，数字量输出模块和数字量输入 / 输出模块。

1）数字量输入模块。

数字量输入模块的每一个输入点可接收一个来自用户设备的离散信号（ON/OFF），典型的输入设备有按钮、限位开关、选择开关、继电器触点等。每个输入点与一个且仅与一个输入电路相连，通过输入接口电路把现场开关信号变成 CPU 能接收的标准电信号。数字量输入模块可分为直流输入模块和交流输入模块。

2）数字量输出模块。

数字量输出模块的每一个输出点能控制一个用户的离散型（ON/OFF）负载。典型的负载包括继电器线圈、接触器线圈、电磁阀线圈、指示灯等。每一个输出点与一个且仅与一个输出电路相连接，通过输出电路把 CPU 运算处理的结构转换成驱动现场执行机构的各种大功率的开关信号。数字量输出模块分为直流输出模块、交流输出模块和交直流输出模块三种。

3. 系统配置

（1）基本配置。

由 CPU226 基本单元组成的基本配置可以组成一个 24 点数字量输入和 16 点数字量输出的小型系统，如图 1–2–3 所示。

输入点地址：I0.0、I0.1、…、I1.7，I1.0、…、I1.7，I2.0、I2.1、…、I2.7；

输出点地址：Q0.0、Q0.1、…、Q0.7，Q1.0、Q1.1、…、Q1.7。

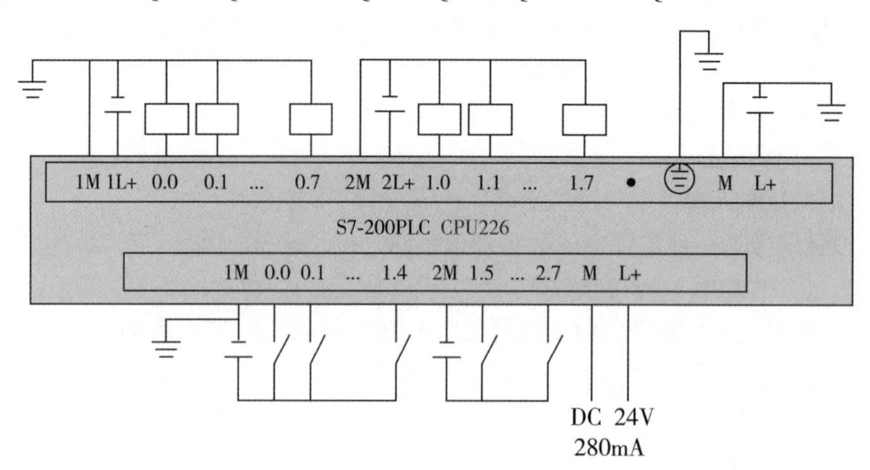

图 1-2-3　S7-200PLC 基本单元组成的基本配置图

（2）扩展配置。

由 CPU266 组成的扩展配置可以由 CPU226 基本单元和最多 7 个扩展模块组成，CPU226 可以向扩展单元提供的 DC 5V 电流为 1000 mA。

二、工量具及材料准备

表 1-2-1　工量具及材料清单

序号	名称	型号规格	数量	备注
1	PLC 控制系统	S7-200	1 套	
2	螺丝刀	一字	1 把	
3	螺丝刀	十字	1 把	

◇任务实施◇

表 1-2-2　工作任务指引

步骤	任务	要求
步骤 1	回答相关问题	正确
步骤 2	S7-200PLC 控制系统的拆装	顺序正确，不能损坏设备

1. 回答下面问题

（1）S7-200PLC 基本单元的构成是什么？

（2）S7-200PLC（CPU226）基本单元组成的基本配置是什么？

2. S7-200PLC 控制系统的拆装

◇任务评价◇

表 1-2-3　S7-200PLC 系统配置评价表

<table>
<tr><td colspan="3">班级：________
小组：________
姓名：________</td><td colspan="6">指导教师：________
日　期：________</td></tr>
<tr><td rowspan="2">评价项目</td><td rowspan="2">评价标准</td><td rowspan="2">评价依据</td><td colspan="3">评价方式</td><td rowspan="2">权重</td><td rowspan="2">得分小计</td></tr>
<tr><td>学生自评 20%</td><td>小组互评 30%</td><td>教师评价 50%</td></tr>
<tr><td>职业素养</td><td>1. 作风严谨、自觉遵章守纪
2. 按时、按质完成工作任务
3. 积极主动承担工作任务，勤学好问
4. 人身安全与设备安全
5. 工作岗位 7S 完成情况</td><td>1. 出勤情况
2. 工作态度
3. 劳动纪律
4. 团队协作精神</td><td></td><td></td><td></td><td>0.2</td><td></td></tr>
<tr><td>专业能力</td><td>1. 知识点回答情况
2. 接线图绘制情况</td><td>1. 回答的准确性
2. 项目完成情况</td><td></td><td></td><td></td><td>0.7</td><td></td></tr>
<tr><td>创新能力</td><td>1. 在任务完成过程中能提出自己的见解或方案
2. 在教学中提出的建议具有创新性</td><td>1. 方案的可行性
2. 建议的可行性</td><td></td><td></td><td></td><td>0.1</td><td></td></tr>
<tr><td>合计</td><td></td><td></td><td></td><td></td><td></td><td></td><td></td></tr>
</table>

◇任务拓展◇

画出 CPU226AD/DC/ 继电器模块输入 / 输出单元的接线图。

◇课后作业◇

1. CPU226 主机扩展配置时，应该考虑哪些因素？ I/O 是如何编程的？

2. 某 PLC 控制系统，经过估算需要数字量输入点 26 个，数字量输出点 22 个，请选择 S7-200 PLC 的机型及扩展模块。

任务 3　STEP7-Micro/WIN32 编程软件

◇任务目标◇

学会 STEP7-Micro/WIN32 编程软件的安装与基本操作。

建议课时：4 学时。

◇任务要求◇

1. 学会 STEP7-Micro/WIN32 编程软件的安装操作；
2. 学会创建、打开、保存、删除工程等操作；
3. 学会输入、编辑梯形图；
4. 学会下载、载入、监控 PLC 程序及运行。

◇任务准备◇

一、知识准备

1. STEP7-Micro/WIN32 软件的使用

（1）概述。

编程软件 STEP7-Micro/WIN32 V3.1 适用于 S7-200 系列 PLC 的系统设置（CPU 组态），可用于程序开发和实时监控运行；升级版 MicroWin V3.1SPL 扩充了 V3.1 的功能；Toolbox（工具箱）提供用户指令和触摸屏 TP070 的组态软件；汉化软件是针对 SP1 和 Toolbox 的软件，但不能汉化 V3.1 及早期版本的软件。STEP7-Micro/WIN32 软件是基于 Windows 的应用软件。

（2）编程软件的安装。

编程软件 STEP7-Micro/WIN32 可以安装在 PC（个人计算机）及 SIMATIC 编程设备 PG70 上。安装的条件和方法如下：

1）安装条件。

PC 采用 486 或更高设置，能够安装 Windows 95 版本以上的操作系统，内存 8 MB 以上，硬盘空间 50 MB 以上。

2）安装方法。

按照 MicroWin 3.1 → MicroWin V3.1 SPL → Toolbox → MicroWin V3.1 Chinese 的顺

序进行安装，必要时可查看光盘软件的 Readme 文件，按照提示步骤安装。

（3）建立 S7-200 CPU 的通信。

S7-200 CPU 与 PC 之间有两种通信连接方式，一种是采用专用的 PC/PPL 电缆，另一种是采用多点接口（MPI）卡和普通电缆。可以使用 PC 作为主站设备，通过 PC/PPL 电缆或 MPI 卡与一台或多台 PLC 连接，实现主、从设备之间的通信。

1）PC/PPL 电缆通信。

PC/PPL 电缆是一条支持 PC、按照 PPL 通信协议设置的专用电缆线，电缆线中间有通信模块，模块外部设有波特率设置开关，两端分别为 RS-232 和 RS-485 接口。PC/PPL 电缆的 RS-232 端接到个人计算机的 RS-232 通信口 COM1 和 COM2 接口上，PC/PPL 的 RS-485 端接到 S7-200 CPU 通信接口上。

2）MPI 通信。

MPI 卡提供了一个 RS-485 端口，可以用直通电缆和网络连接。建立 MPI 通信之后，可以把 STEP7-Micro/WIN32 连接到包括许多其他设备的网络上，每个 S7-200 可作为主设备且都有一个地址。先将 MPI 卡安装到 PC 的 PCL 插槽内，然后启动安装文件，将该设置文件放在 Windows 目录下，CPU 与 PC 的 RS-485 接口用电缆线连接。

3）通信参数设置。

通信参数设置的内容有 S7-200 CPU 地址、PC 软件地址和接口（PORT）等设置。图 1-3-1 所示的是通信参数设置的对话框。拉开检视菜单，单击“通信（M）”，出现通信参数。系统编程器的本地地址默认值为 0，远程地址的选择项按实际 PC/PPL 电缆所带的 PLC 的地址设定。需要修改其他通信参数时，双击“PC/PPL Cable（电缆）”图标，可以重新设置通信参数。

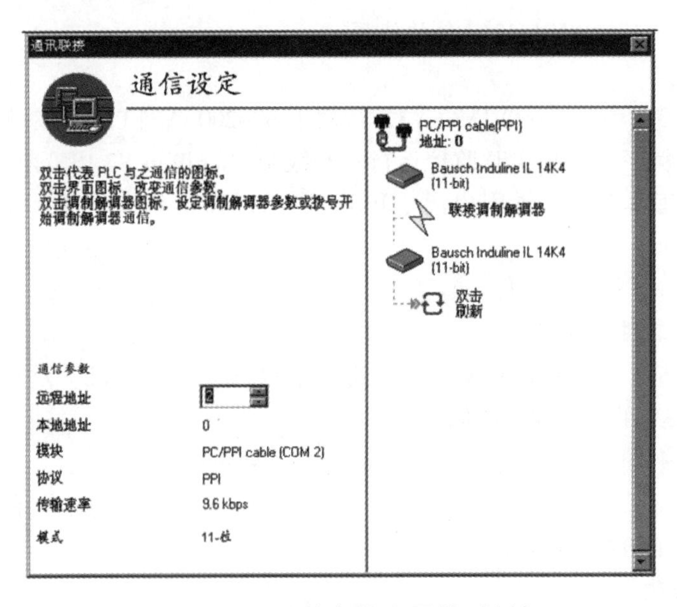

图 1-3-1 通信参数设置的对话框

（4）S7-200 CPU 供电。

第一个步骤就是要给 S7-200 的 CPU 供电，图 1-3-2 所示为 S-200 CPU226GD 供电示意图。

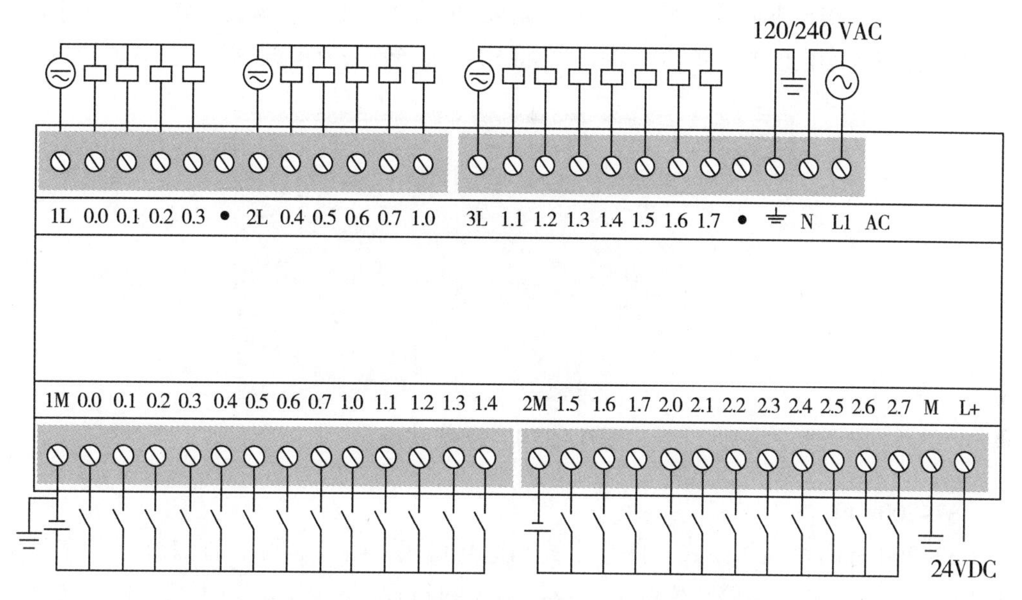

图 1-3-2　S-200 CPU226GD 供电示意图

在安装和拆除任何电器设备之前，必须确认该设备的电源已断开。在安装或拆除 S7-200 之前，必须遵守相应的安全防护规范，并务必将其电源断开。

（5）连接 RS-232/PPL 多主站电缆。

①连接 RS-232/PPL 多主站电缆 RS-232 端（标识为 PC）到编程设备的通信口上。

②连接 RS-232/PPL 多主站电缆 RS-485 端（标识为“PPL”）到 S7-200 的端口 O 或端口 I。

③图 1-3-3 所示为设置 RS-232/PPL 多主站电缆的 DIP 开关。

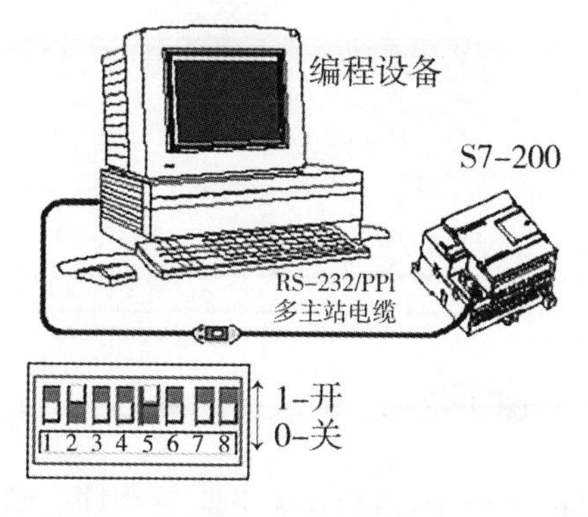

图 1-3-3　连接 RS-232/PPL 多主站电缆

（6）下载程序。

①用户可以点击工具条中的下载图标或者在命令菜单中选择 File → Download 来下载程序，如图 1-3-4 所示。

②点击“OK”下载程序到 S7-200。如果 S7-200 处于运行模式，将有一个对话提示 CPU 将进入停止模式，单击“Yes”，将 S7-200 至于 STOP 模式。

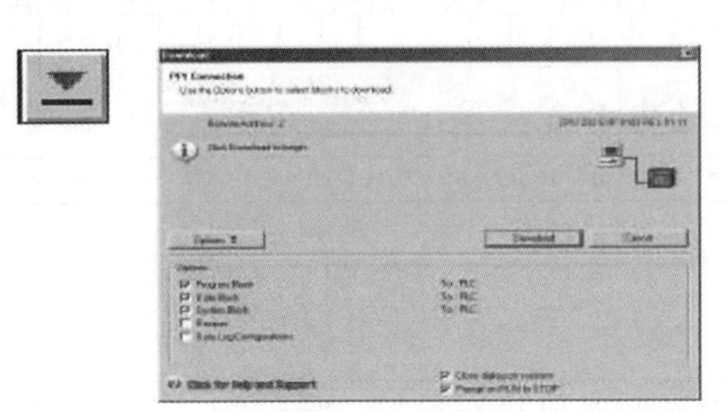

图 1-3-4　下载程序

S7-200 CPU 的工作模式：

S7-200 有两种操作模式：停止模式和运行模式。CPU 面板上的 LED 灯状态显示了当前的操作模式。在停止模式下，S7-200 不执行程序，用户可以下载程序、数据和进行 CPU 系统设置。在运行模式下，S7-200 运行程序。

1. 将 S7-200 转入运行模式

如果想通过 STEP7-Micro/WIN32 软件将 S7-200 转入运行模式，S7-200 的模式开关必须设置在 TERM 或者 RUN 状态。当 S7-200 处于 RUN 模式时，执行程序。

（1）单击工具条中的运行图标或者在命令菜单中选择 PLC → RUN。

（2）点击“Yes”，切换模式。

图 1-3-5 为转入运行模式。

当 S7-200 转入运行模式后，CPU 将执行程序，使 Q0.0 的 LED 指示灯时亮时灭。

图 1-3-5　转入运行模式

用户可以通过选择 Debu → Program Status 来监控程序，STEP7-Micro/WIN32 显示执行结果。要想终止程序，可以单击“STOP”图标或选择菜单命令 PLC → STOP，将 S7-200 置于 STOP 模式。

2. 电源预算

所有的 S7-200 CPU 都有一个内部电源，为 CPU 自身 / 扩展模块和其他用电设备提供 24 V 直流电源。S7-200 为系统中的所有扩展模块提供 5 V 直流逻辑电源。必须格外注意，系统配置要确保 CPU 所提供的 5 V 电源，能够满足所选择的所有扩展模块的需要，如果配置要求超出了 CPU 的供电能力，只有去掉一些模块或者选择一个供电能力更强的 CPU。S7-200 的所有 CPU 会提供 24 V 直流传感器供电，此 24 V 直流可以为输入点、扩展模块上的继电器线圈或者其他设备供电，如果设备用电量超过了传感器的供电预算，必须为系统另配一个外部 24 V 直流供电电源。

3. STEP7-Micro/WIN32 简介

编程软件 STEP7-Micro/WIN32 的基本功能是协助用户完成 PLC 应用程序的开发，同时具有设置 PLC 参数、加密和运行监视等功能。

STEP7-Micro/WIN32 编程软件在离线条件下，可以实现程序的输入、编辑、编译等功能。

编程软件在联机工作方式（PLC 与编程 PC 连接）下可实现上载、下载，通信测试及实时监控等功能。

STEP7-Micro/WIN32 窗口的首行主菜单包括有文件、编辑、检视、PLC、调试、工具、视窗帮助等，主菜单下方两行为工具条快捷按钮，其他为窗口信息显示区。图 1-3-6 所示为 STEP7-Micro/WIN32 窗口组件。

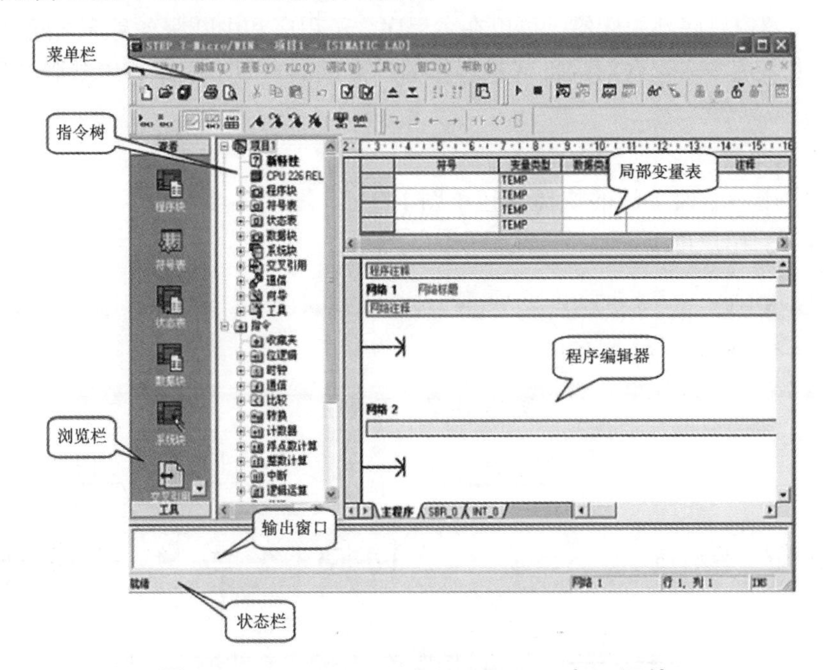

图 1-3-6　STEP7-Micro/WIN32 窗口组件

窗口信息显示区分别为程序数据显示区、浏览栏、指令树和输出窗口显示区。当在检视菜单子目录项的工具栏中选中浏览栏和指令树时，可在窗口左侧垂直地依次显示出浏览栏和指令树窗口；选中工具栏的输出窗口时，可在窗口的下方横向显示输出窗口框；非选中时为隐藏方式。输出窗口下方为状态栏，提示 STEP7-Micro/WIN32 的状态信息。

（1）浏览栏——显示常用编程按钮群组。

View（视图）——显示程序块、符号表、状态图、数据块、系统块、交叉参考及通信按钮。

Tools（工具）——显示指令向导、TD200 向导、位置控制向导、EM253 控制面板和扩展调制解调器向导的按钮。

指令树——提供所有项目对象和当前程序编辑器（LAD、FBD 或 STL）的所有指令的树型视图。用户可以在项目分支里对所打开项目的所有包含对象进行操作；利用指令分支输入编程指令。

状态图——允许用户将程序输入、输出或变量置入图表中，监视其状态。可以建立多个状态图，以便分组查看不同的变量。

输出窗口——在用户编译程序或指令库时提供消息。当输出窗口列出程序错误时，可双击错误信息，程序编辑器窗口中在显示相应的程序网络。

状态栏——提供用户在 STEP7-Micro/WIN32 中操作时的操作状态信息。

程序编辑器——包含用于该项目的编辑器（LAD、FBN 或 STL）的局部变量表和程序视图。如果需要，用户可以拖动分割条以扩充程序视图，并覆盖局部变量表。单击程序编辑器窗口底部的标签，可以在主程序、子程序和中断服务程序之间移动。

局部变量表——包含对局部变量所作的定义赋值（即子程序和中断服务程序使用的变量）。

（2）菜单栏。

提供常用命令或工具的快捷按钮（图 1-3-7、图 1-3-8、图 1-3-9、图 1-3-10、图 1-3-11）。用户可以定制每个工具条的内容。

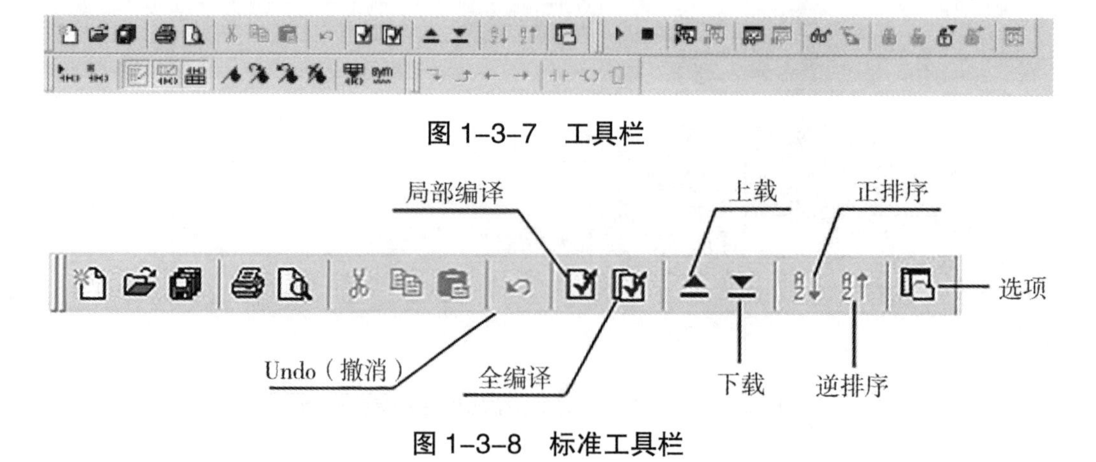

图 1-3-7　工具栏

图 1-3-8　标准工具栏

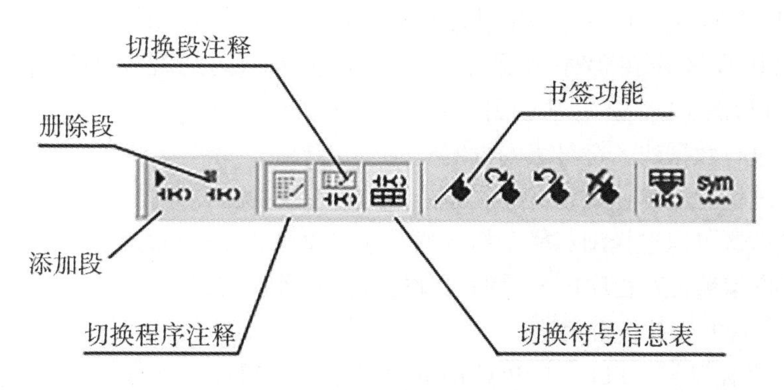

图 1–3–9　常用工具栏

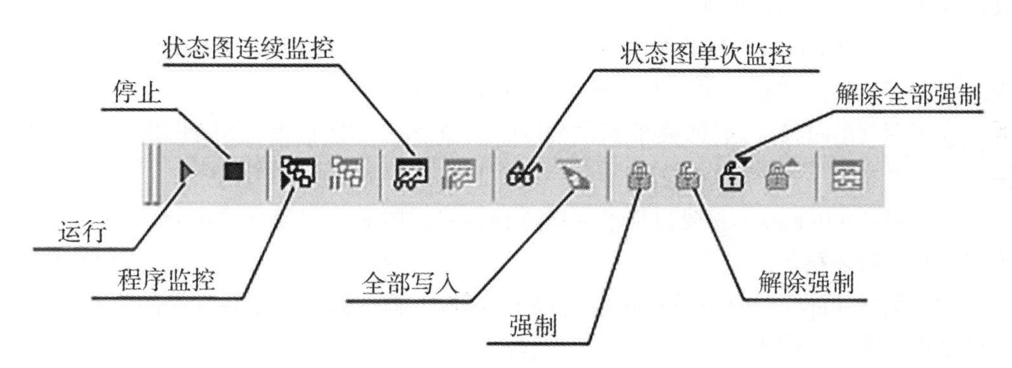

图 1–3–10　调试工具栏

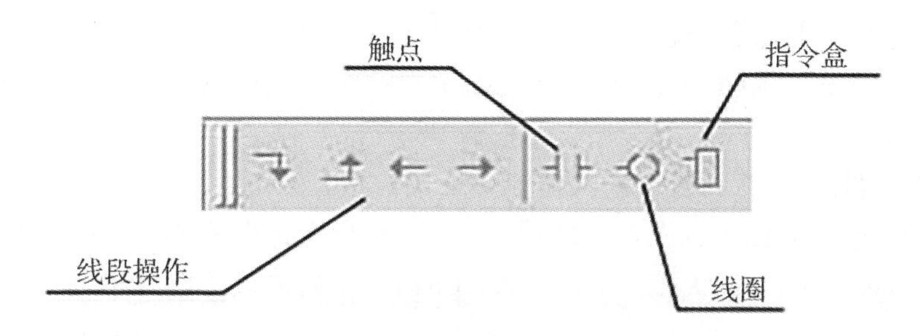

图 1–3–11　LAD 指令工具栏

允许用户使用鼠标或键盘操作各种命令和工具。用户可以定制“工具”菜单，在该菜单中增加自己的内容和外观。

1）主菜单及子目录的状态信息。

①文件（File）。文件的操作有新建、打开、关闭、保存、另存、导入、导出、上载、下载，页面设置、打印及预览等。

②编辑（Edit）。编辑菜单提供程序的撤消、剪切、复制、粘贴、全选、插入、删除、查找、替换等子目录，用于程序的修改操作。

③检视（View）。检视菜单的功能有 6 项：

a. 可以用来选择在程序数据显示窗口区显示不同的程序编辑器，如语句表（STL）、梯形图（LAD）、功能图（FBD）；

b. 可以进行数据块、符号表的设定；

c. 对系统块的配置、交叉引用、通信参数进行设置；

d. 工具栏区可以选择浏览栏、指令树及输出窗口的显示与否；

e. 缩放图像项可对程序区显示的百分比等内容进行设定；

f. 对程序块的属性进行设定。

④可编程控制器（PLC）。PLC 菜单用以建立与 PLC 联机时的相关操作，如用软件改变 PLC 的工作模式，对用户程序进行编辑，清除 PLC 程序及电源启动重置，显示 PLC 信息及 PLC 类型设置等。

⑤调试（Debug）。调试菜单用于联机形式的动态调试，有单次扫描、多次扫描、程序状态等选项。"子菜单"与检视菜单的缩放功能一致。

⑥工具（Tools）。工具菜单提供复杂指令向导（PID 指令、NETR 指令、/NETW 指令、HSC 指令）和 TD200 设置向导，以及 TP070（触摸屏）的设置。

⑦视窗（Windows）。视窗菜单可以选择窗口区的显示内容及显示形式（梯形图、语句表及各种表格）。

⑧帮助（Help）。帮助菜单可以提供 S7-200 的指令系统及编程软件的所有信息，并提供在线帮助和网上查询、访问、下载等功能。

2）工具条。

工具条提供简便的鼠标操作，将最常用的 STEP7-Micro/WIN32 操作以按钮的形式设定到工具条。可以用检视（View）菜单中的工具（Tools）选项来显示或隐藏标准（Standard）、调试（Debug）、公用（Common）和指令（Instructions）4 种工具条。

3）引导条。

引导条为编程提供按钮控制的快速窗口切换功能。该条可用检视（View）菜单中的引导条（Navigation Bar）选项来选择是否打开。引导条含程序块（Program Block）、符号表（Symbol Table）、状态图表（Status Chart）、数据块（Data Block）、系统块（System Block ）、交叉索引（Cross Reference）和通信（Communication）等图标按钮。单击任何一个按钮，主窗口会切换成次按钮对应的窗口。引导条中的所有操作都可用指令树（Instruction Tree）窗口或检视（View）菜单来完成。

4）指令树。

指令树是编程指令的树状列表，可用检视（View）菜单中指令树（Instruction Tree）选项来选择是否打开。它可以提供编程时所用到的所有快捷命令和 PLC 指令。

5）输出窗口。

输出窗口是用来显示程序编译的结果信息的，如各程序块（主程序、子程序的数量及子程序号、中断程序的数量及中断程序号）及各块的大小、编译结果有无错误、错误编码和位量等。

此外，在引导条中点击系统块和通信按钮，可对 PLC 运行的许多参数进行设置。如设置通信的波特率，调整 PLC 断电后机内电源数据保存的存储器范围，设置输入滤波参数设置机器的操作密码等。

3. 程序编制及运行

（1）建立项目（用户程序）。

1）打开已有的项目文件。

打开已有的项目文件常用的方法有两种：

①由文件菜单打开，引导到现在项目，并打开文件；

②由文件名打开，最近工作项目的文件名在文件菜单下列出，可直接选择而不必打开对话框。另外也可以用 Windows 资源管理器寻找到适当的目录，项目文件在使用 .mwp 扩展名的文件中。

2）创建新项目（文件）。

创建新项目的方法有 3 种：

①单击“新建”快捷按钮；

②拉开文件菜单，单击“新建”按钮，建立一个新文件；

③点击浏览条中的程序块图标，新建一个 STEP7-Micro/WIN32 项目。

3）确定 CPU 类型。

打开一个新项目，开始写程序之前可以选择 PLC 的类型。确定 CPU 的类型有两种方法：

①在指令树中右击“项目 1（CPU）”，在弹出的对话框中左击“类型（T）…”选项，即弹出 PLC 类型对话框，选择所用 PLC 型号后，点击“确认”。

②用 PLC 菜单选择“类型（T）…”项，弹出 PLC 类型对话框，然后选择正确的 CPU 类型。

（2）梯形图编辑器。

1）梯形图元素的工作原理。

触点代表电流可以通过的开关，线圈代表有电流充电的中继或输出；指令盒代表电流到达此框时执行指令盒的功能，例如，计数、定时或数学操作。

2）梯形图排布规则。

网络必须从触点开始，以线圈或没有 ENO 端的指令盒结束。指令盒有 ENO 端时，电流扩展到指令盒以外，能在指令盒后放置指令。

注意：每个用户程序，一个线圈或指令盒只能使用一次，并且不允许多个线圈串联使用。

（3）在梯形图中输入指令（编程元件）。

1）进入梯形图（LAD）编辑器。

拉开检视菜单，单击“阶梯（L）”选项，进入梯形图编辑状态，程序编辑窗口会显示梯形图编辑图标。

2）编程元件的输入方法。

编程元件包括线圈、触点、指令盒及导线等。程序一般是顺序输入，即自上而下、自左而右地在光标所在处放置编程元件（输入指令），也可以移动光标在任意位置输入编程元件。每输入一个编程元件，光标会自动向前移到下一列，换行时点，击下一行位置移动光标。

编程元件的输入有指令树双击、拖放和单击工具条快捷键 F4（触点）、F6 键（线圈）、F9 键（指令盒）及指令树双击，它们均可以选择输入编程软件。

工具条有 7 个编程按键，前面 4 个为连接导线，后面 3 个为触点、线圈、指令盒。

编程元件的输入首先是在程序编辑窗口中将光标移动到需要放置元件的位置，然后输入编程元件。编程元件的输入法有以下两种：

①用鼠标左键输入编程元件，例如输入触点元件，将光标移动到编程区域，左键单击工具条的触点按钮，此时会出现下拉菜单，用鼠标单击选中编程元件，按回车键，输入编程元件图形，再点击编程元件符号上方的“？？？”，输入操作数即可。

②功能键（F4 键、F6 键、F9 键）、移位键和回车键配合使用安放编程元件。例如，安放输出触点，按 F6 键，会弹出一个下拉菜单，在下拉菜单中选择编程元件（可使用移位键寻找需要的编程元件）后，按回车键，编程元件出现在光标处，再次按回车键，光标选中元件符号上方的“？？？”，输入操作数后按回车键确认，然后用移位键光标将光标移动到下一层，输入新的程序。当输入地址、符号超出范围或与指令类型不匹配时，会在该值下面出现红色波浪线。

3）梯形图功能指令的输入。

采用指令树双击的方式可在光标处输入功能指令。

4）程序的编辑及参数设定。

程序的编辑包括程序的剪切、拷贝、粘贴、插入和删除、字符串替换、查找等。

5）程序的编译及上载、下载。

①编译。用户程序编辑完成后，用 CPU 的下拉菜单或工具条中编译快捷按钮对程序进行编译。经编译后，会在显示器下方的输出窗口显示编译结果，并能明确指出错误的网络段。可以根据错误提示对程序进行修改，然后再次编译，直至编译无误。

②下载。用户编译成功后，单击标准工具条中的下载快捷按钮或拉开文件菜单，选择下载项，弹出下载对话框。经选定程序块、数据块、系统块等下载内容后，按确认按钮，将选中内容下载到 PLC 的存储器中。

③上载（载入）。上载指令的功能是将 PLC 中未加密的程序或数据向上送入编辑器（PC）。

上载方法是单击标准工具条中的上载快捷键或拉开文件菜单选择上载项，弹出上载对话框。选择程序块、数据块、系统块等上载内容后，可在程序显示窗口上载 PLC 内部程序和数据。

（4）程序的监视、运行、调试。

1）程序的运行。

当 PLC 工作方式开关在 TERM 或 RUN 位置时，操作 STEP7-Micro/WIN32 的菜单

命令或快捷按钮都可以对 CPU 工作方式进行软件设置。

2）程序监视。

程序编辑器都可以在 PLC 运行时监视程序执行的过程和各元件的状态及数据。

梯形图监视功能：拉开调试菜单，选中程序状态，这时闭合触点和通电线圈内部颜色变蓝（呈阴影状态）。在 PLC 的运行（RUN）工作状态，随输入条件的改变、定时及计数过程的运行，每个扫描周期的输出处理阶段将各个器件的状态刷新，可以动态显示各个定时器、计数器的当前值，并用阴影表示触点和线圈的通电状态，以便在线动态观察程序的运行。

3）动态调试。

结合程序监视运行的动态显示，分析程序运行的结果，以及影响程序运行的因素。退出程序运行和监视状态，在 STOP 状态下对程序进行修改编辑、重新编译、下载、监视运行，如此反复修改调试，直至得出正确的运行结果。

4）编译语言的选择。

SIMATIC 指令与 IEC 1131-3 指令的选择方法相同，拉开工具菜单，打开选项目录，在弹出的对话框中选择指令系统。

5）其他功能。

STEP7-Micro/WIN32 编程软件提供闭环控制（PID）、高速记数（HSC）、网络读取（NETR）、网络通信（NETW）和人机界面 TD 200 的使用向导功能。

二、工量具及材料准备

表 1-3-1　工量具及材料清单

序号	名称	型号规格	数量	备注

◇任务实施◇

表 1-3-2 工作任务引领

步骤	任务	要求
步骤 1	编程软件安装	正确安装
步骤 2	梯形图输入训练	正确、熟练
步骤 3	对梯形图修改、删除等编辑训练	正确、熟练

1. 安装 STEP7-Micro/WIN32 编程软件。
2. 将图 1-1-4 的梯形图输入 PLC 中。
3. 对输入的程序进行各种编辑。

◇任务评价◇

表 1-3-3 编程软件评价表

班级：________ 小组：________ 姓名：________		指导教师：________ 日　　期：________					
评价项目	评价标准	评价依据	评价方式			权重	得分小计
			学生自评 20%	小组互评 30%	教师评价 50%		
职业素养	1. 作风严谨、自觉遵章守纪 2. 按时、按质完成工作任务 3. 积极主动承担工作任务，勤学好问 4. 人身安全与设备安全 5. 工作岗位 7S 完成情况	1. 出勤情况 2. 工作态度 3. 劳动纪律 4. 团队协作精神				0.2	
专业能力	1. 知识点回答情况 2. 接线图绘制情况	1. 回答的准确性 2. 项目完成情况				0.7	
创新能力	1. 在任务完成过程中能提出自己的见解或方案 2. 在教学中提出的建议具有创新性	1. 方案的可行性 2. 建议的可行性				0.1	
合计							

◇任务拓展◇

掌握 S7-200PLC 仿真软件的安装与使用。

◇课后作业◇

选择教材上的梯形图程序进行输入练习。

项目二　S7-200PLC 基本指令应用

任务 1　三相异步电动机正反转控制

◇任务目标◇

1. 能理解三相异步电动机正反转控制的工作原理；
2. 能分析电动机正反转的控制要求，并写出 I/O 分配表；
3. 能够使用基本指令编写电动机正反转控制的梯形图；
4. 能够对编写的程序进行调试运行。

建议课时：8 学时。

◇任务要求◇

按下正启动按钮 SB2，电动机正转；按下反启动按钮 SB3，电动机反转；按下 SB1 电动机停止转动。电动机正转的时候按下反启动按钮 SB3，电动机不能反转；同理，电动机反转的时候按下正启动按钮 SB2，电动机不能正转。

◇任务准备◇

一、知识准备

1. 标准触点指令

LD 动合触点指令，表示一个与输入母线相连的动合触点指令，即动合触点逻辑运算起始。

LDN 动断触点指令，表示一个与输入母线相连的动断触点指令，即动断触点逻辑运算起始。

A 与动合触点指令，用于单个动合触点的串联。

AX 与非动断触点指令，用于单个动断触点的串联。

O 或动合触点指令，用于单个动合触点的并联。

ON 或非动断触点指令，用于单个动断触点的并联。

LD、LDN、A、AN、O、ON 触点指令中，变量的数据类型为布尔（BOOC）型。LD、LDN 两条指令用于将连接点接到母线上；A、AN、O、ON 指令均可多次重复使用。当需要对两个以上连接点串联连接电路块的并联连接时，要用后述的 OLD 指令。图 2-1-1 所示为标准触点的使用梯形图，表 2-1-1 为标准触点的使用指令表。

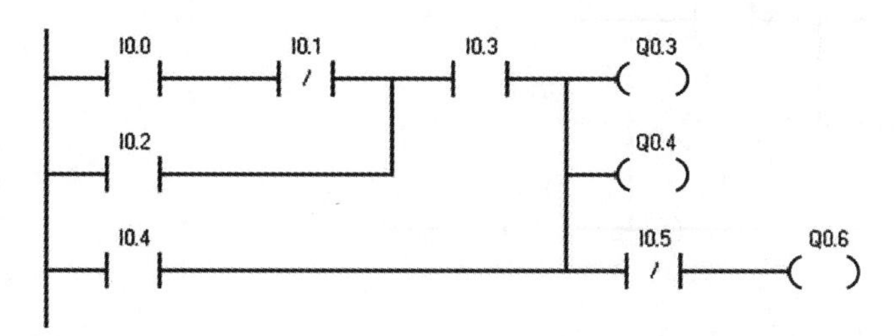

图 2-1-1　标准触点的使用梯形图

表 2-1-1　标准触点的使用指令表

步序	指令	器件号	步序	指令	器件号
0	LD	I0.0	5	=	Q0.3
1	AN	I0.1	6	=	Q0.4
2	O	I0.2	7	AN	I0.5
3	A	I0.3	8	=	Q0.5
4	ON	I0.4			

2. 跳变触点（EU、ED）

正跳变触点检测到一次正跳变（触点的输入信号由 0 到 1）或负跳变触点检测到一次负跳变（触点的输入信号由 1 到 0）时，触点接通到一个扫描周期。正 / 负跳变的符号为 EU 和 ED，它们没有操作数，触点符号中间的“P”和“N”分别表示正跳变和负跳变。图 2-1-2 所示为跳变触点（EU、ED）的使用。

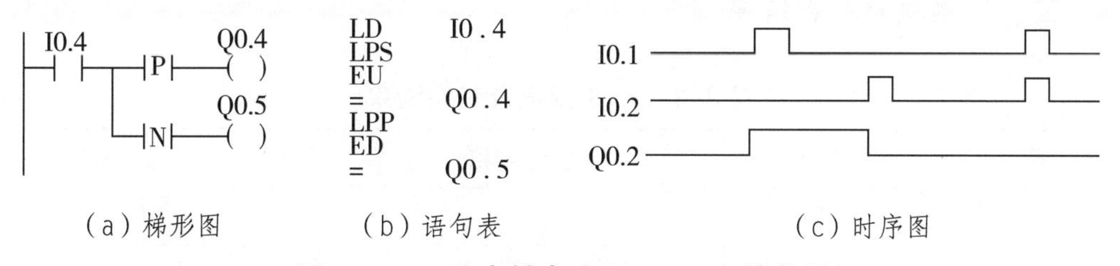

（a）梯形图　（b）语句表　（c）时序图

图 2-1-2　跳变触点（EU、ED）的使用

3. 输出指令（=）

输出指令是将继电器、定时器、计数器等的线圈与梯形图右边的母线直接连接，线圈的右边不允许有触点。在编程中，触点可以重复使用，且类型和数量不受限制，

但是同一编号的线圈只能出现一次。当输出指令执行时，S7-200 将输出过程映像寄存器中的位接通或者断开。图 2-1-3 所示为输出指令（=）的使用。

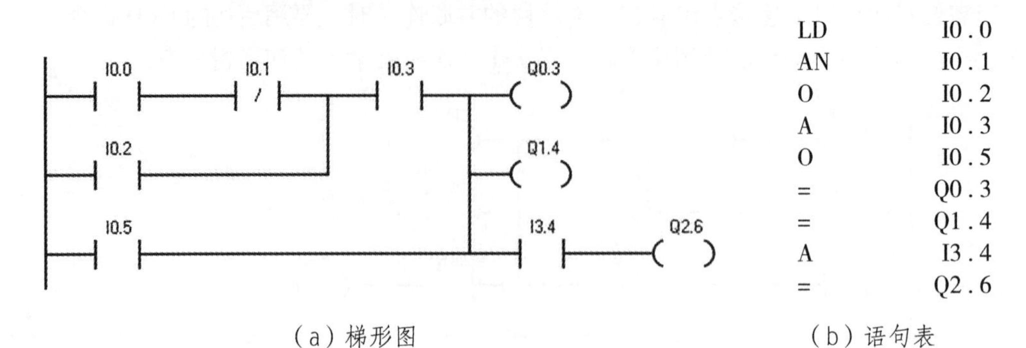

（a）梯形图　　（b）语句表

2-1-3　输出指令（=）的使用

4. 置位指令（S）与复位指令（R）

S 为置位指令，使动作保持；R 为复位指令，使操作保持复位。从指定位置开始的 *ST* 个点的寄存器都被置位或复位，*ST*=1~255。如果被指定复位的是定时器位或计数器位，将清除定时器或计数器的当前值。图 2-1-4 所示为置位指令（S）与复位指令（R）的使用。

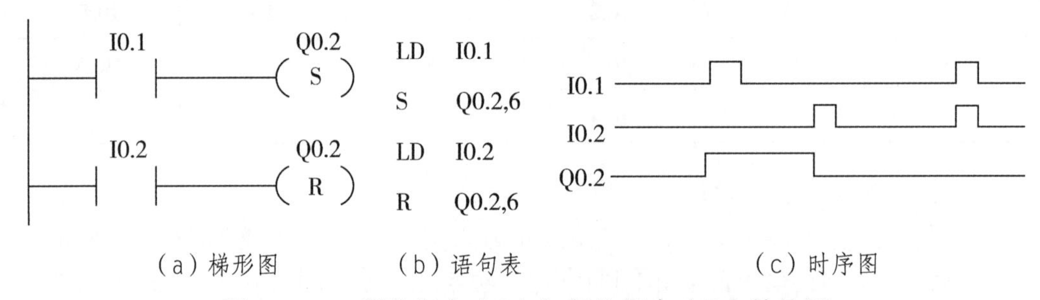

（a）梯形图　　（b）语句表　　（c）时序图

图 2-1-4　置位指令（S）与复位指令（R）的使用

二、工量具及材料准备

表 2-1-2　工量具及材料清单

序号	名称	型号规格	数量	备注
1	计算机		1 台	
2	西门子 PLC	S7-200226CN	1 套	
3	万用表	MF500	1 只	
4	导线	红、黑、黄、绿	若干条	
5	电动机控制模块		1 组	

◇任务实施◇

表 2-1-3　工作任务引领

步骤	任务	要求
步骤 1	继电器控制原理分析	表达合理，分析准确
步骤 2	阅读任务要求，明确工作任务	明确任务，找出 I/O 信号
步骤 3	PLC 输入 / 输出地址分配（I/O 分配）	列表分配 I/O 地址
步骤 4	画出 PLC 的 I/O 接线图	连接正确，电源接线正确
步骤 5	画出完整控制系统电路	正确、合理
步骤 6	设计 PLC 控制程序	采用合理指令设计程序
步骤 7	接线，编辑程序，系统调试	正确安装线路，熟练使用编程软件，调试结果符合要求

◇工作原理◇

（1）熟悉图 2-1-5 所示的电动机继电器 - 接触器控制线路的控制原理。

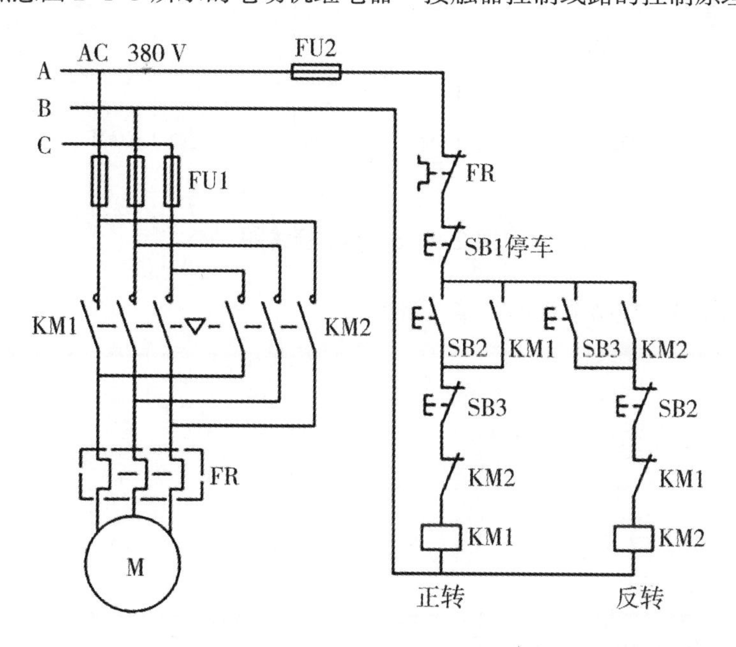

图 2-1-5　电动机按钮、接触器双重联锁正反转控制电路图

（2）阅读任务，明确工作任务。

（3）根据电动机正反转工作原理，填写 I/O 分配表（表 2-1-4）。

表 2-1-4　电动机正反转 I/O 分配表

输入			输出		
外部元件	输入继电器	功能	外部元件	输出继电器	功能
SB1	I0.0	停止	KM1	Q0.0	控制正转
SB2	I0.1	正启动	KM2	Q0.1	控制反转
SB3	I0.2	反启动			

（4）根据 I/O 分配表，画出 PLC 的 I/O 接线图。

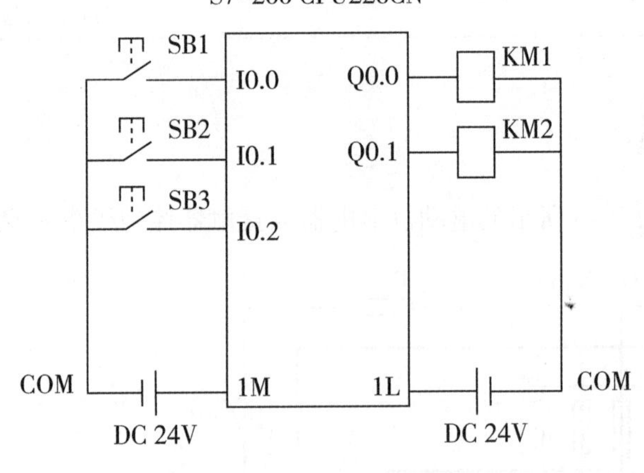

图 2-1-6　I/O 接线图

（5）画出 PLC 控制系统的完整电路图。

（6）设计 PLC 梯形图程序。

（7）程序调试。

按下列步骤进行程序系统调试（表 2-1-5），调试完成后，整理工位，做好记录，完成实训报告。

表 2-1-5　程序调试步骤及要求

步骤	操作内容	注意事项	情况记录
程序编辑	在编程软件上编辑梯形图程序	正确、熟练使用编程软件	
外部电路连接	根据接线图连接外部电路	断电状态下正确连接电路	
通电调试	下载程序、运行调试	观察程序运行结果，调试直到结果正确	
实训总结	整理实训工位，完成实训报告		

◇任务评价◇

表 2-1-6　三相异步电动机正反转控制评价表

班级：________ 小组：________ 姓名：________		指导教师：________ 日　　期：________					
评价项目	评价标准	评价依据	评价方式			权重	得分小计
			学生自评 20%	小组互评 30%	教师评价 50%		
职业素养	1. 作风严谨、自觉遵章守纪 2. 按时、按质完成工作任务 3. 积极主动承担工作任务，勤学好问 4. 人身安全与设备安全 5. 工作岗位 7S 完成情况	1. 出勤情况 2. 工作态度 3. 劳动纪律 4. 团队协作精神				0.2	
专业能力	1. 知识点回答情况 2. 接线图绘制情况	1. 回答的准确性 2. 项目完成情况				0.7	
创新能力	1. 在任务完成过程中能提出自己的见解或方案 2. 在教学中提出的建议具有创新性	1. 方案的可行性 2. 建议的可行性				0.1	
合计							

◇任务拓展◇

请同学们试着用置位指令（S）和复位指令（R）编写电动机正反转控制的程序。

◇课后作业◇

1．在本任务中，电动机要实现连续运转，需要用到 ＿＿＿＿＿＿ 控制；正反转不能同时进行时，需要用到 ＿＿＿＿＿＿ 控制。

2．用 PLC 实现如下控制要求：电动机 M1 启动后，M2 才能启动；停止时，要求 M2 停止后，M1 才能停止。

附：本任务参考程序（图 2–1–7）

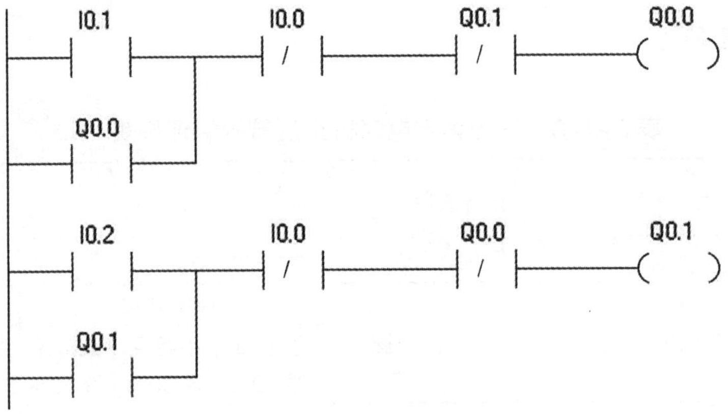

图 2–1–7　三相异步电动机正反转 PLC 控制参考程序

任务 2　三相异步电动机星－三角形（Y-△）控制

◇任务目标◇

1. 掌握 PLC 控制电动机 Y-△降压启动的方法；
2. 能分析电动机正反转的控制要求，并写出 I/O 分配表；
3. 熟练掌握定时器 T 的常用编程方法；
4. 能够对编写的程序进行调试运行。

建议课时：10 学时。

◇任务要求◇

电动机的 Y-△降压启动是针对容量较大的电动机降压启动的常用方法之一。当按下启动按钮 SB1 时，电动机 Y 形启动，延时 3 s，切换成△形全压运行；按下停止按钮 SB2，电动机停转。电路的输入端设有启动按钮、停止按钮，输出端外部保留 Y-△接触器线圈，程序中另设软互锁。本任务通过 PLC 内部的定时器 T 实现电动机的 Y-△降压启动。

◇任务准备◇

一、知识准备

定时器是 PLC 中最常用的元器件之一，掌握它的工作原理对 PLC 的程序设计非常重要。S7-200 系列的 PLC 为用户提供了三种类型的定时器：通电延时型（TON）、有记忆的通电延时型又叫保持型（TONR）、断电延时型（TOF），共计 256 个定时器（T0~T255），并且都为增量型定时器。

1. 定时器指令的分类

定时器的定时精度即分辨率（S）可分为 1 ms、10 ms、100 ms 三个等级，详细分类方法和定时范围如表 2-2-1 所示。

表 2-2-1　定时器号与分辨率

定时器类型	分辨率 /ms	当前值 /s	定时器号
TONR	1	32.767	T0，T64
	10	327.67	T1~T4，T65~T68
	100	3276.7	T5~T31，T69~T95

续表：

定时器类型	分辨率 /ms	当前值 /s	定时器号
TON、TOF	1	32.767	T32，T96
	10	327.67	T33~T36，T97~T100
	100	3276.7	T37~T63，T101~T255

定时器的定时时间计算公式为 $T=PT\times S$（秒）。其中，T 为实际定时时间，PT 为设定值，S 为分辨率。

注意：不能把一个定时器号同时作用给 TON 和 TOF，例如，在一个程序中，即有 TON32，又有 TOF32，是不允许的。

2. 定时器指令的格式和功能

定时器指令的格式和功能如图 2-2-1 与表 2-2-2 所示。

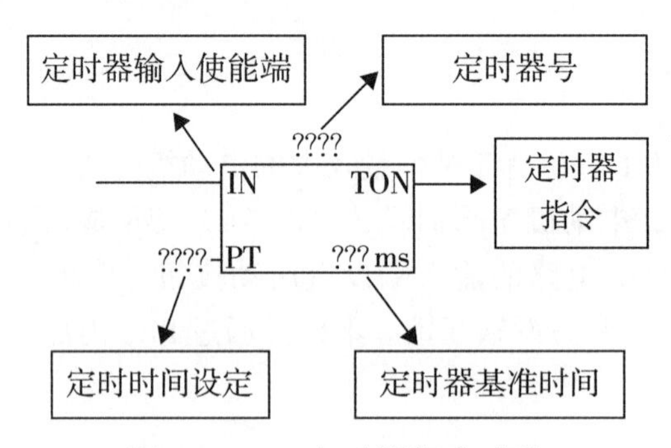

图 2-2-1　定时器指令功能

表 2-2-2　定时器指令格式

LAD	STL	功能、注释
IN TON PT	TON	接通延时定时器： 当输入端接通时，定时器开始计时。当定时器的当前值大于等于预置值时，定时器位被置于 1。但当前值继续增大，一直计时到当前值的最大值 32767。当输入端断开时，定时器复位，当前值清零，定时器位置 0
IN TONR PT	TONR	有记忆的接通延时定时器： 该定时器的功能和接通延时定时器的功能基本相同，区别在于当输入端断开时，其当前值保持不变，若要复位，只能通过复位指令进行操作
IN TOF PT	TOF	断电延时定时器： 当输入端接通时，定时器位立即置 1，当前值清零。当输入端断开时，定时器开始计时，达到设定时间时，定时器复位，并停止计时，当前值保持不变。当输入端断开的时间小于设定时间时，定时器位仍保持置 1

3. 定时器指令的应用实例

（1）接通延时定时器（TON）。

TON 指令在启用输入端使能后，开始计时。当前值（Txxx）大于或等于预设时间（PT）时，定时器触点接通。当输入端断开时，接通延时定时器当前值被清除，触点断开达到预设值后，定时器仍继续计时，达到最大值 32767 时，停止计时。

用法举例如图 2-2-2 所示。

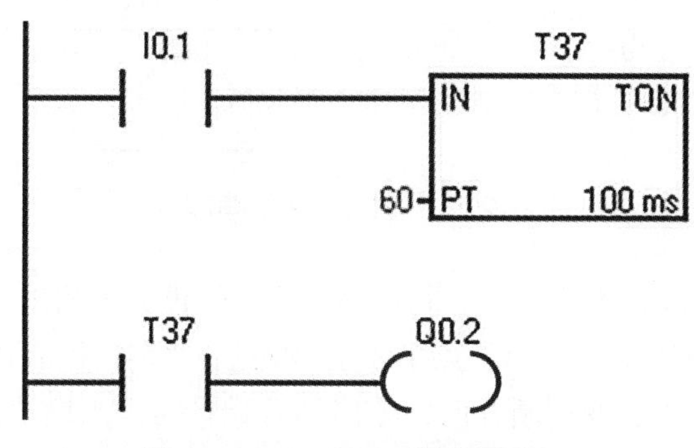

图 2-2-2　TON 指令编程

上例中，定时器号是 T37，因此此定时器为 100 ms 的定时器。定时器预设值为 60，即定时时间为：60×100 ms=6 s；初始时，I0.1 断开，定时器当前值为 0。当 I0.1 接通时，定时器开始计时；当前值到达 60 后，定时器常开触点接通。到达预设值后若 I0.1 还是接通状态，则定时器继续计时，直到当前值到达 32767。在定时过程中，只要 I0.1 断开，定时器当前值便会清 0，触点断开。

（2）掉电保护性接通延时定时器（TONR）。

TONR 指令在启用输入端使能后，开始计时。

当前值到达 80 后，触点接通。到达预设值后若 I0.1 还是接通状态，则定时器继续计时，直到当前值到达 32767。在计时过程中 I0.1 断开，则定时器保持当前值不变。

TONR 指令功能与 TON 指令类似，但 TONR 指令带保持功能。

若要使定时器复位、清 0，则需用复位指令。

TONR 指令编程如图 2-2-3 所示。

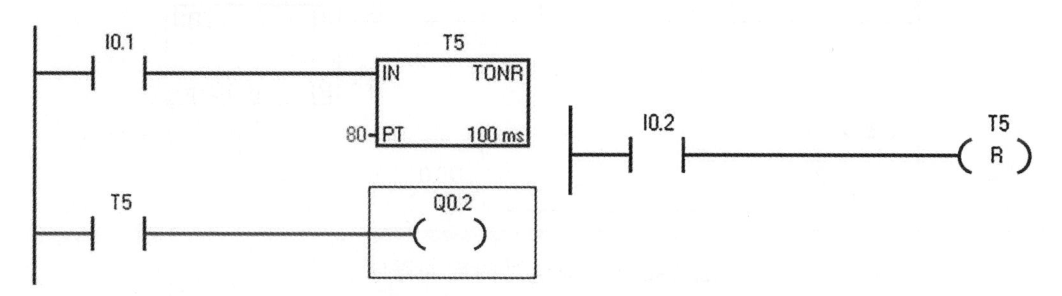

图 2-2-3　TONR 指令编程

（3）断开延时定时器（TOF）。

TOF 指令编程如图 2-2-4 所示。

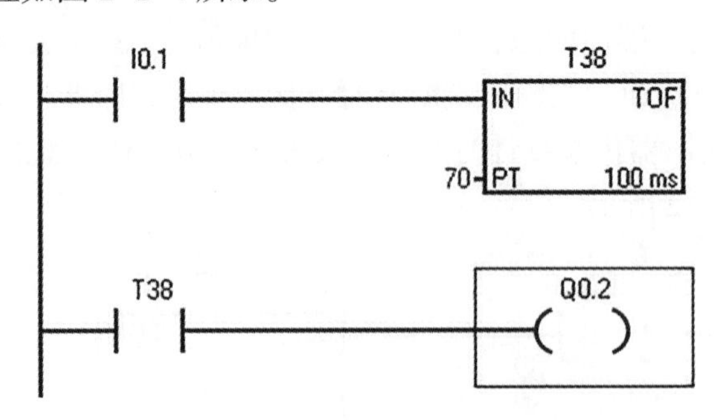

图 2-2-4　TOF 指令编程

TOF 指令用于在输入关闭后，延迟固定的一段时间再关闭输出。

当输入信号 I0.1 使能后，定时器触点 T38 立刻接通，当前值被清 0，并保持此状态。

当输入信号 I0.1 由接通变到断开时，定时器开始计时。当前值到达设定值，定时器触点断开，当前值停止计时。

若在定时器计时过程中，输入信号 I0.1 接通，则定时器仍保持接通状态，当前值清 0。

注意：使用定时器时，不管是哪种类型的定时器（TON、TONR 或 TOF），定时器号不能重复。

实例 1　延时启动程序

如图 2-2-5 所示，按下按钮 I0.0，马达 Q0、Y0 延时 6 s 后启动，按下停止按钮 I0.1，马达立即停止。

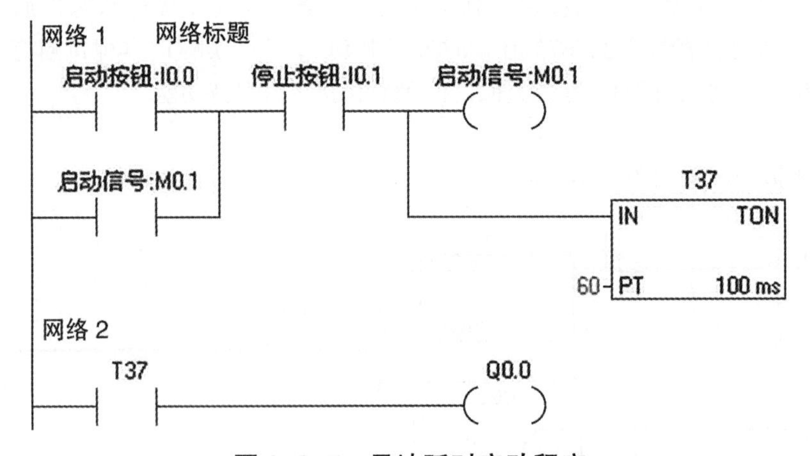

图 2-2-5　马达延时启动程序

注意：程序接通定时器不是直接由 I0.0 来定时的，因为当按下启动按钮 I0.0 时，定时器可以计时，当按钮松开后，定时器就会清 0，停止计时，这样就不能启动马达了。

实例 2　闪烁程序

按下启动按钮 I0.0，指示灯以 2 s 的频率闪烁；按下停止按钮 I0.1，指示灯灭。如图 2-2-6 和图 2-2-7 所示。

写法 1：

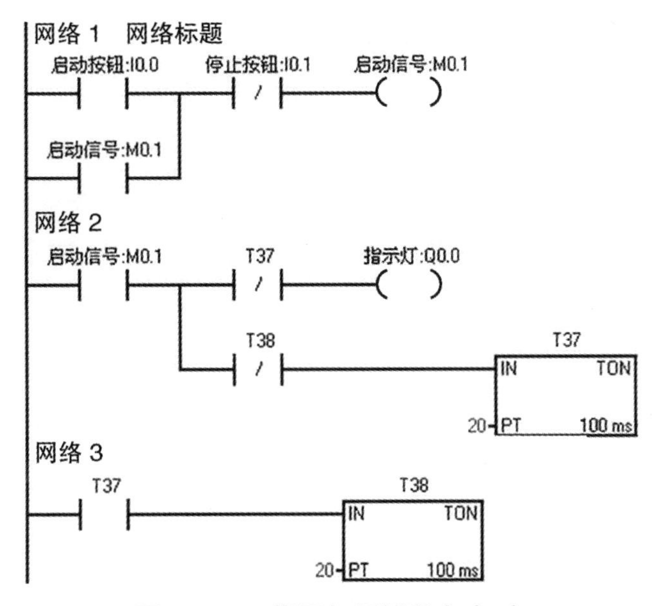

图 2-2-6　指示灯闪烁程序（1）

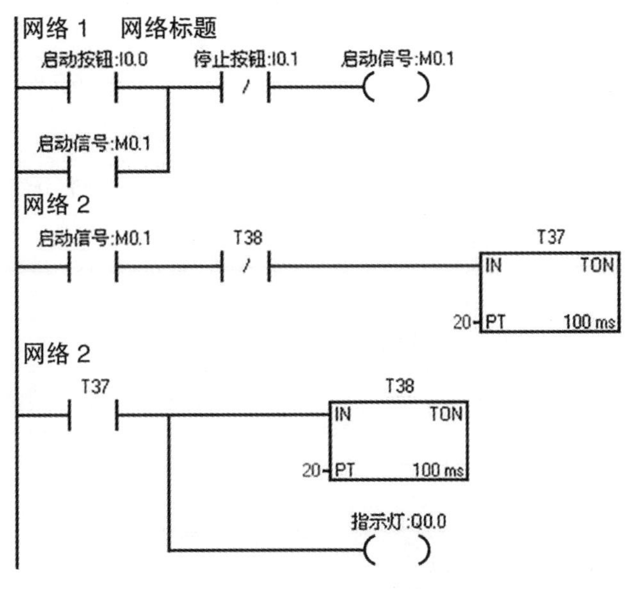

图 2-2-7　指示灯闪烁程序（2）

二、工量具及材料准备

表 2-2-3　工量具及材料清单

序号	名称	型号规格	数量	备注

◇任务实施◇

表 2-2-4　工作任务引领

步骤	任务	要求
步骤 1	继电器控制原理分析	表达合理，分析准确
步骤 2	阅读任务要求，明确工作任务	明确任务，找出 I/O 信号
步骤 3	PLC 输入 / 输出地址分配（I/O 分配）	列表分配 I/O 地址
步骤 4	画出 PLC 的 I/O 接线图	连接正确，电源接线正确
步骤 5	画出完整控制系统电路	正确、合理
步骤 6	设计 PLC 控制程序	采用合理指令设计程序
步骤 7	接线，编辑程——系统调试	正确安装线路，熟练使用编程软件，调试结果符合要求

（1）熟悉三相异步电动机 Y- △降压启动控制原理：启动时，电动机定子绕组 Y 连接，运行时电动机定子绕组△连接。

①三相异步电动机定子绕组的接线（图 2-2-8）。

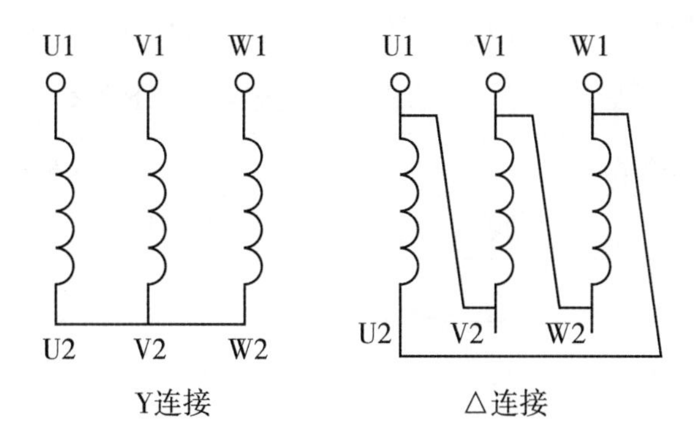

图 2-2-8　三相异步电动机定子绕组的接线方法

②三相异步电动机 Y- △降压启动控制电路（图 2-2-9）。

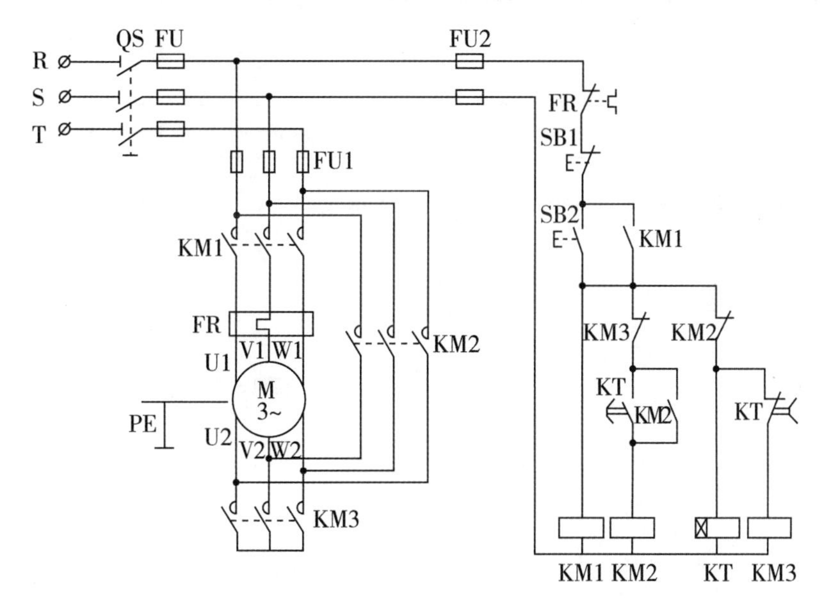

图 2-2-9　三相异步电动机 Y- △降压启动控制电路图

星 - 三角形降压启动控制线路的工作原理：

（2）阅读任务书，理解工作任务。

（3）根据电动机 Y- △降压启动工作原理，填写 I/O 分配表（表 2-2-5）

表 2-2-5　电动机 Y- △控制 I/O 分配表

输入继电器		输出继电器	
外部元件	功能	外部元件	功能

（4）根据 I/O 分配表，画出 PLC 的 I/O 接线图。

（5）画出 PLC 控制系统的完整电路图。

（6）程序调试。

按下列步骤进行程序系统调试（表 2-1-6），调试完成后，整理工位，做好记录，完成实训报告。

表 2-1-6　程序调试步骤及要求

步骤	操作内容	注意事项	记录
程序编辑	在编程软件上编辑梯形图程序	正确、熟练使用编程软件	
电路连接	根据接线图连接电路	断电状态下正确连接电路	
通电调试	下载程序、运行调试	观察程序运行结果，调试直到结果正确	
实训总结	整理实训工位，完成实训报告		

◇任务评价◇

表 2-1-7　三相异步电动机 Y- △降压启动控制控制评价表

班级：______ 小组：______ 姓名：______		指导教师：______ 日　　期：______					
评价项目	评价标准	评价依据	评价方式			权重	得分小计
			学生自评 20%	小组互评 30%	教师评价 50%		
职业素养	1. 作风严谨、自觉遵章守纪 2. 按时、按质完成工作任务 3. 积极主动承担工作任务，勤学好问 4. 人身安全与设备安全 5. 工作岗位 7S 完成情况	1. 出勤情况 2. 工作态度 3. 劳动纪律 4. 团队协作精神				0.2	
专业能力	1. 知识点回答情况 2. 接线图绘制情况	1. 回答的准确性 2. 项目完成情况				0.7	
创新能力	1. 在任务完成过程中能提出自己的见解或方案 2. 在教学中提出的建议具有创新性	1. 方案的可行性 2. 建议的可行性				0.1	
合计							

◇任务拓展◇

1．若没有定时器，能否实现 PLC 控制电动机的 Y- △降压启动？
2．Y- △不能实现切换时，如何修改程序？可不可以改变接线？

◇课后作业◇

1．用 PLC 编程实现：电动机正转 10 s 反转 10 s，如此循环。
2．如何编程实现电动机的正反转 Y- △降压启动？

附：本任务参考程序（图 2-2-9）

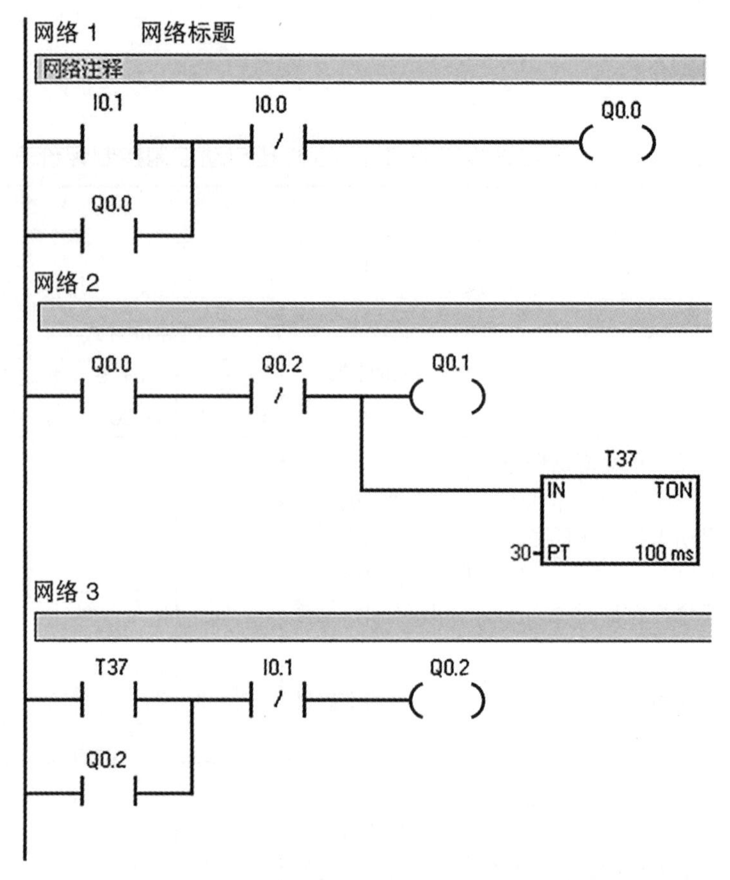

图 2-2-9　三相异步电动机 Y- △降压启动 PLC 控制参考程序

任务 3　交通信号灯控制

◇任务目标◇

1. 熟悉定时器、计数器的使用方法；
2. 能分析交通灯的工作要求，并写出 I/O 分配表；
3. 熟练使用定时器 T 和计数器 C 编写交通灯控制程序；
4. 能够对编写的程序进行调试运行。

建议课时：8 学时。

◇任务要求◇

十字路口的交通信号灯，按下启动按钮 SB1 时，东西方向绿灯亮 25 s，闪亮 3 s，黄灯亮 2 s，红灯亮 30 s，绿灯又亮；对应东西方向绿灯、黄灯亮时，南北方向红灯亮 30 s，接着绿灯亮 25 s，闪亮 3 s，黄灯亮 2 s，红灯又亮 30 s；两个方向的灯交替进行……周而复始，不断循环。当按下停止按钮 SB2 时，两个方向的灯全灭。

◇任务准备◇

一、知识准备

S7-200 系列 PLC 有三类计数器指令，即增计数器 CTU、减计数器 CTD 及增 / 减计数器 CTU，如表 2-3-1 所示。

表 2-3-1　计数器指令

输入 / 输出	数据类型	操作数
Cxx	CTU、CTD、CTUD	常数（C0 到 C255）
CU、CD、LD、R	BOOL	I、Q、V、M、SM、S、T、C、L、能流
PV	INT	IW、QW、VW、MW、SMW、SW、LW、AC、AIW、*VD、*LD、*AC_1 常数
Q、QU、QD、	BOOL	I、Q、V、M、SM、S、L
CV	INT	IW、QW、VW、MW、SW、LW、AC、*VD、*AC

在梯形图指令中，CU 为增计数输入端，CD 为减计数输入端，R 为复位输入端，

LD 为装载输入端，PV 为计数预设值，最大值为 32767。Cxxx 为计数器的编号，范围是 C0 至 C255。

1. 增计数器 CTU

增计数器指令 CTU 的使用如图 2-3-1 所示。初始时，计数器当前值为 0，触点断开。每次计数信号输入端接通时，计数器当前值加 1，当计数器当前值≥设定值后，计数器接通。最大计数到 32767 时，停止计数。当复位信号接通时，计数器立刻复位，当前值清 0，触点断开。

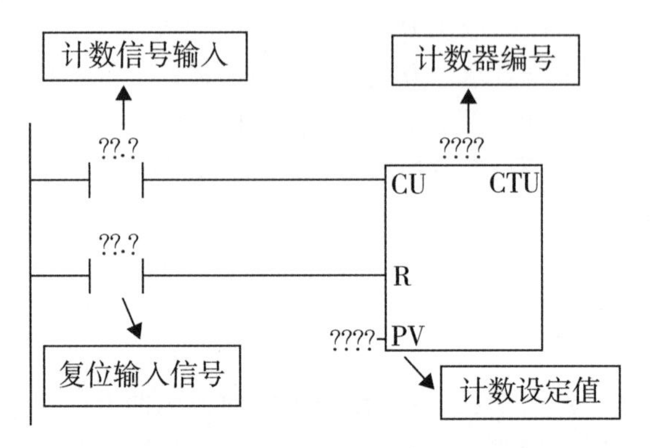

图 2-3-1　增计数器指令 CTU 使用

2. 减计数器 CTD

减计数器指令 CTD 的使用如图 2-3-2 所示。初始时最好使用 SM0.1 复位计数器，复位后计数器当前值 = 设定值。当计数输入端每次由 OFF → ON 时，计数器当前值减 1，当计数器减为 0 时，计数器触点接通；此时若输入信号再次由 OFF → ON，则计数器不再计数。当前值保持 0。

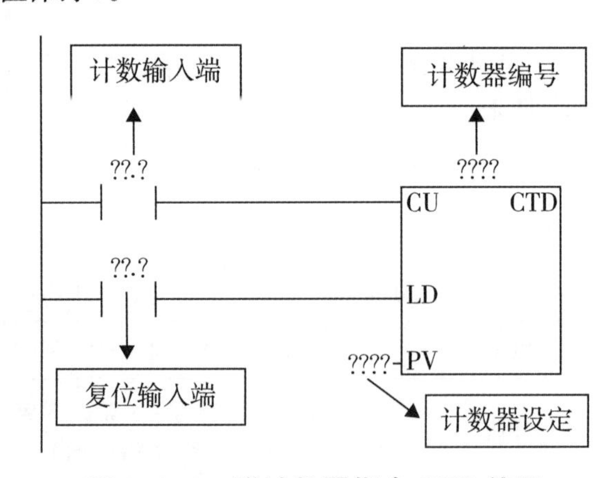

图 2-3-2　增计数器指令 CTD 使用

3. 增减计数器 CTUD

增减计数器指令 CTUD 的使用如图 2-3-3 所示。

增计数输入端由 OFF → ON 时，作增计数，直到 32767 后，若再由 OFF → ON，

则变为 -32768；减计数输入端由 OFF → ON 时，作减计数，直到 -32768 后，若再由 OFF → ON，则变为 32767。

当前值≥设定值 PV 后，计数器触点接通，否则计数器断开。复位输入端信号接通，计数器复位，触点断开，计数器清 0。

注：使用不同类型的计数器时，计数器编号不能重复使用。

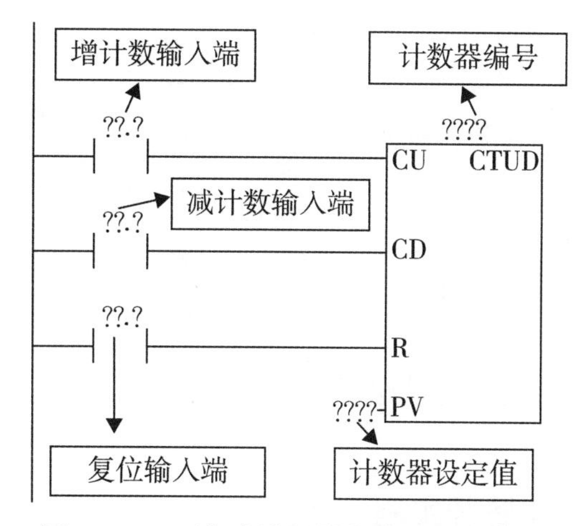

图 2-3-3　增减计数器指令 CTUD 使用

4. 计数器应用实例：

要求：按下按钮 I0.0，水泵 Q0.0 启动，24 h 后水泵自动停止。

分析：普通定时器定时范围为 0~32767 × 100 ms，因此远远不够 24 h 的定时时间，若用多个定时器进行累加，则所需定时器数量较多，非常麻烦。

此例可用定时器及计数器的组合来实现。定时器每隔 30 min（半小时），计数器进行记一次数，计数后把定时器复位，重新计时，如此，24 h 计数 48 次就可以了。

水泵自动停止控制 PLC 程序如图 2-3-4 所示。

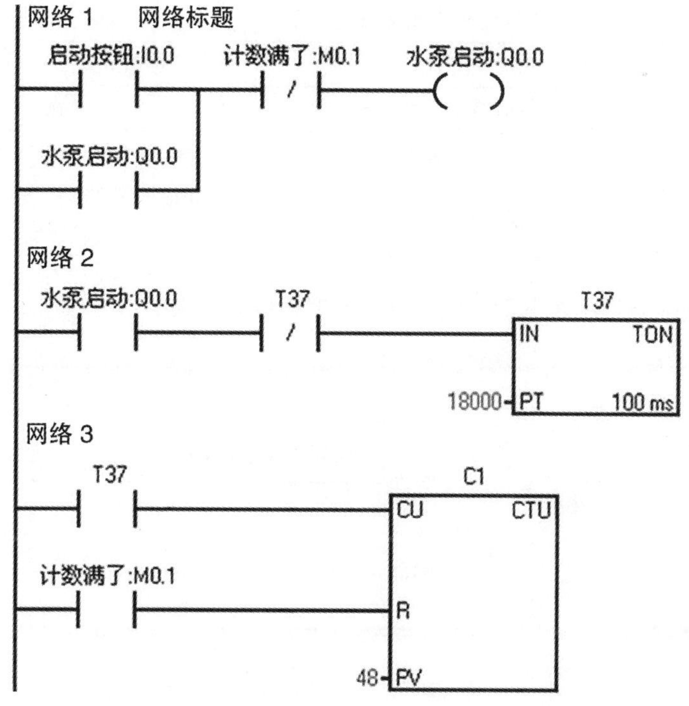

图 2-3-4　水泵自动停止控制 PLC 程序

二、工量具及材料准备

表 2-3-2　工量具及材料清单

序号	名称	型号规格	数量	备注
1	计算机	台	1 台	
2	西门子 PLC	S7-200226CN	1 套	
3	万用表	MF500	1 只	
4	导线	红、黑、黄、绿	若干条	
5	交通灯控制模块		1 组	

◇任务实施◇

表 2-3-3　工作任务引领

步骤	任务	要求
步骤 1	继电器控制原理分析	表达合理，分析准确
步骤 2	阅读任务要求，明确工作任务	明确任务，找出 I/O 信号
步骤 3	PLC 输入 / 输出地址分配（I/O 分配）	列表分配 I/O 地址
步骤 4	画出 PLC 的 I/O 接线图	连接正确，电源接线正确
步骤 5	画出完整控制系统电路	正确、合理
步骤 6	设计 PLC 控制程序	采用合理指令设计程序
步骤 7	接线，编辑程序，系统调试	正确安装线路，熟练使用编程软件，调试结果符合要求

（1）根据交通灯的布置图（图 2-3-5）理解控制要求。

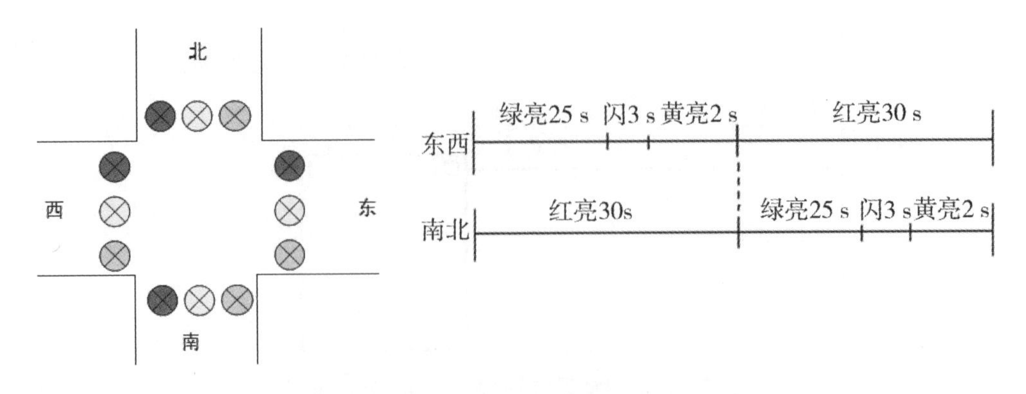

图 2-3-5　交通灯的布置图

（2）阅读任务，明确工作任务要求。

（3）根据交通灯的控制要求编制 I/O 分配表（表 2-3-4）。

表 2-3-4　交通灯的控制 I/O 分配表

外部元件	地址	功能	外部元件	地址	功能
SB1		启动	东西		绿灯
SB2		停止	东西		黄灯
			东西		红灯
			南北		绿灯
			南北		黄灯
			南北		红灯

（4）根据 I/O 分配表，画出 PLC 的 I/O 接线图。

（5）设计 PLC 的梯形图程序。

（6）程序调试

按下列步骤进行程序系统调试（表 2-3-5），调试完成后，整理工位，做好记录，完成实训报告。

表 2-3-5　程序调试步骤及要求

步骤	操作内容	注意事项	记录
程序编辑	在编程软件上编辑梯形图程序	正确、熟练使用编程软件	
电路连接	根据接线图连接电路	断电状态下正确连接电路	
通电调试	下载程序、运行调试	观察程序运行结果，调试直到结果正确	
实训总结	整理实训工位，完成实训报告		

◇任务评价◇

表 2-3-6　交通灯 PLC 控制评价表

班级：________ 小组：________ 姓名：________		指导教师：________ 日　期：________					
评价项目	评价标准	评价依据	评价方式			权重	得分小计
			学生自评 20%	小组互评 30%	教师评价 50%		
职业素养	1. 作风严谨、自觉遵章守纪 2. 按时、按质完成工作任务 3. 积极主动承担工作任务，勤学好问 4. 人身安全与设备安全 5. 工作岗位 7S 完成情况	1. 出勤情况 2. 工作态度 3. 劳动纪律 4. 团队协作精神				0.2	
专业能力	1. 工作原理的分析情况 2. I/O 分配情况 3. 梯形图设计图情况 4. 安装接线情况 5. 调试运行情况	1. 回答的准确性 2. 项目完成情况				0.7	
创新能力	1. 在任务完成过程中能提出自己的见解或方案 2. 在教学或生产管理上提出的建议具有创新性	1. 方案的可行性 2. 建议的可行性				0.1	
合计							

◇任务拓展◇

如何增加手动功能，实现白天和黑夜的交替控制，黑夜绿灯亮的时间比白天亮的时间短？

◇课后作业◇

1. 如何修改交通灯的等待时间？
2. 如何用功能指令编写交通灯的控制程序？查阅资料看看。

附：本任务参考程序（图 2-3-6）

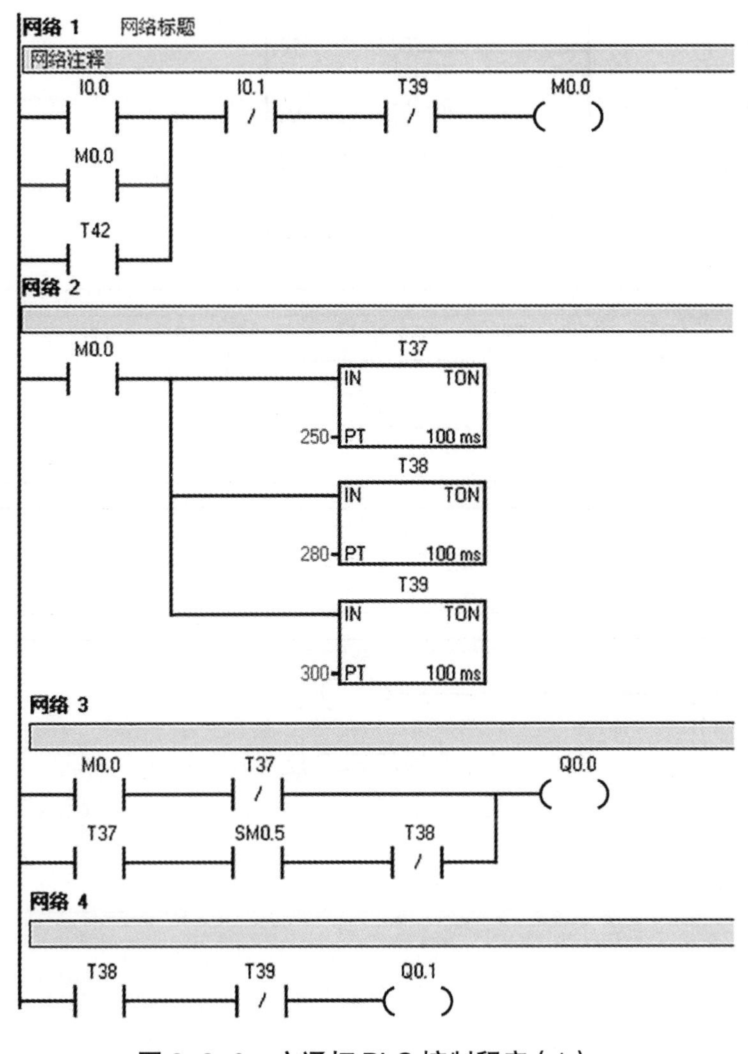

图 2-3-6　交通灯 PLC 控制程序（1）

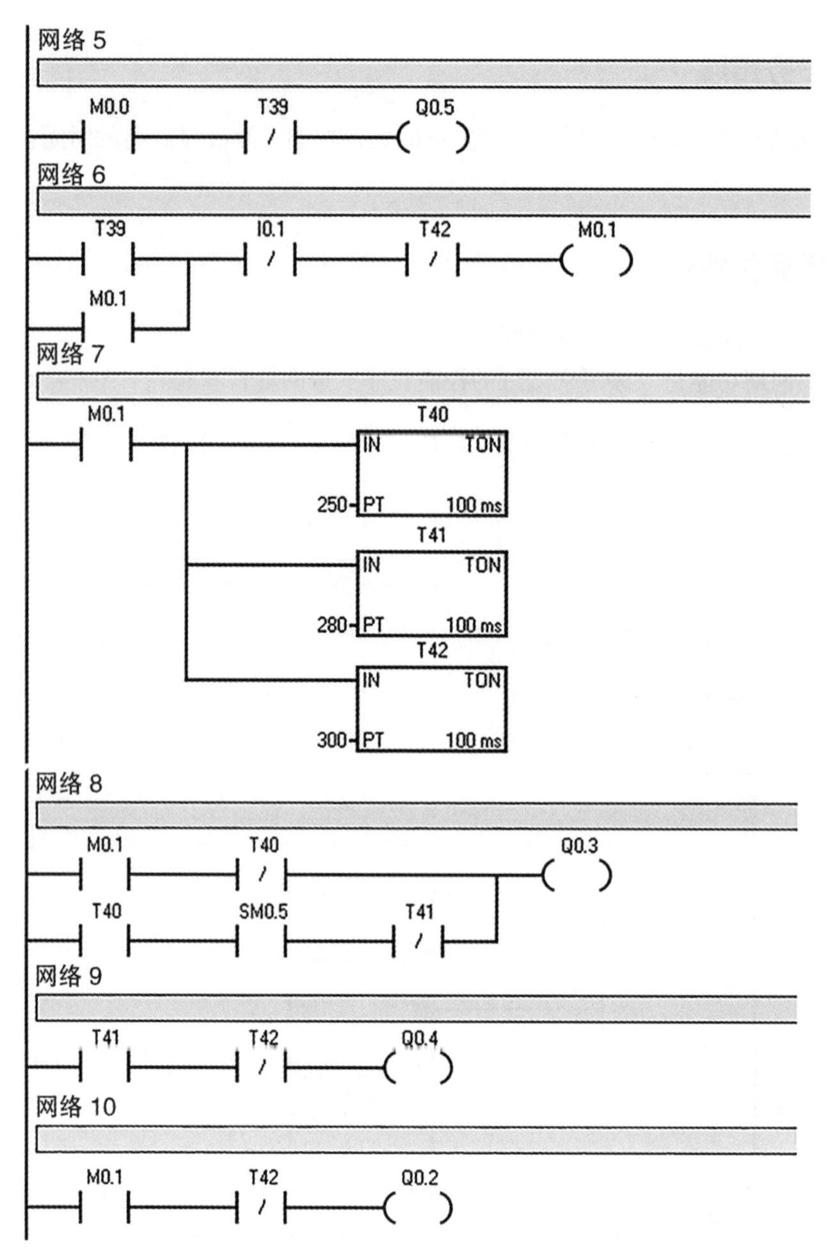

图 2-3-6　交通灯 PLC 控制程序（2）

任务 4 铁塔之光控制

◇任务目标◇

1. 了解什么是顺序控制，熟悉顺序控制的编程方法；
2. 根据铁塔之光的工作要求，写出 I/O 分配表；
3. 熟练使用顺序控制指令 SCR、SCRT、SCRE 编写铁塔之光的控制程序；
4. 能够对编写的程序进行调试运行。

建议课时：10 学时。

◇任务要求◇

铁塔之光是利用彩灯对铁塔进行装饰，从而达到烘托铁塔的效果。针对不同的场合对彩灯的运行方式也有不同的要求，对于要求彩灯有多种不同运行方式的情况下，采用 PLC 中的一些特殊指令来进行控制就显得尤为简便。

铁塔之光的控制要求：

PLC 运行后，灯光按照红灯（L_1、L_4、L_7）、绿灯（L_2、L_5、L_8）、黄灯（L_3、L_6、L_9）的顺序点亮后灭，时间间隔 2 s。

◇任务准备◇

一、知识准备

1. 顺序控制

如果一个控制系统可以分解成几个独立的控制动作，且这些动作必须严格按照一定的先后次序执行才能保证生产过程的正常运行，这种控制方法称为顺序控制，也称为步进控制。PLC 为顺序控制提供了专门的步进控制指令，它是一种由顺序功能图设计梯形图的专用指令。首先用顺序功能图描述程序的设计思想，然后再用指令编写出符合程序设计思想的程序。

顺序控制的优点如下：

（1）复杂的控制任务或工作过程被分解成若干个工序。

（2）各工序的任务明确而具体。

（3）各工序间的联系清晰、可读性强，能清晰地反映整个控制过程和编程思路。

2. 顺序功能图简介

顺序功能图就是使用状态来描述控制任务或过程的图。任何一个顺序控制过程都可以分解为若干个工序，每个工序就是控制过程的一个状态，如图 2-4-1 所示。将各工序更换为其相应的状态，就得到了顺序功能图（简称 SFC 图），如图 2-4-2 所示。方框表示一个状态；框内用状态元件 S 标明该状态名称；状态之间用带箭头的线段连接；线段上与之垂直的短线及旁边的标注为状态转移条件；方框右边为该状态的驱动输出。

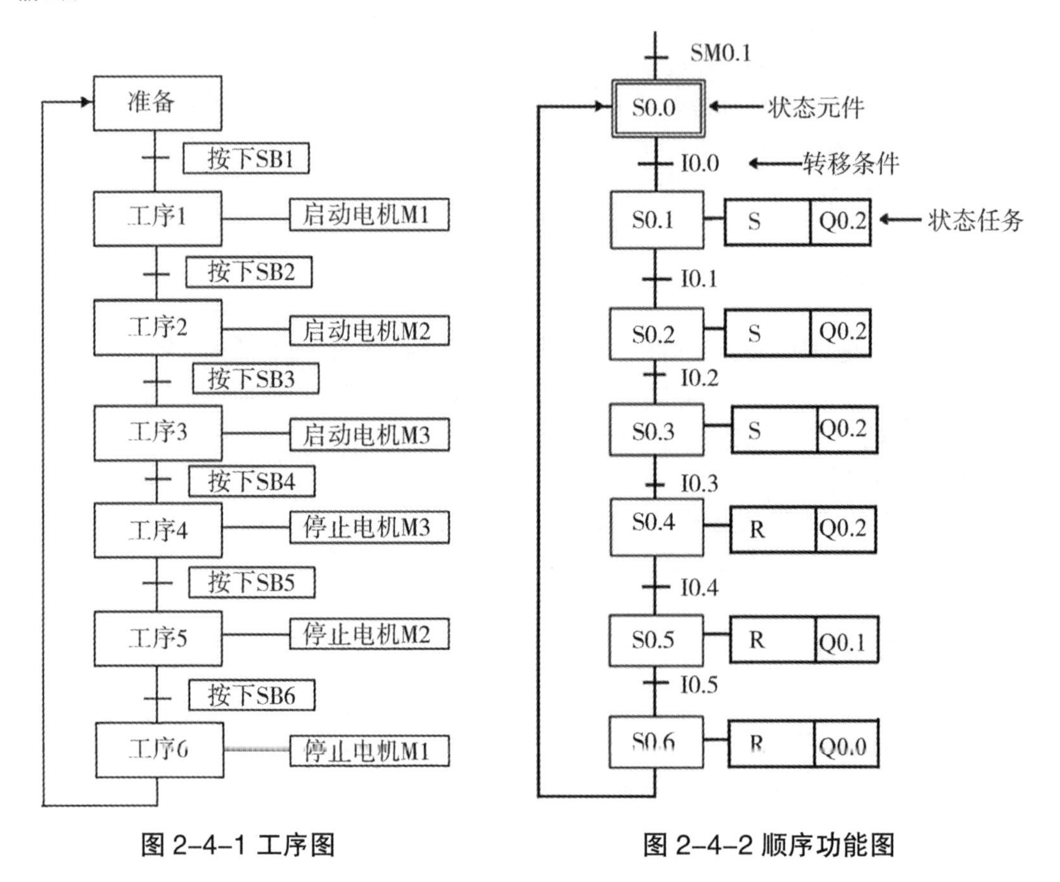

图 2-4-1 工序图　　图 2-4-2 顺序功能图

顺序功能图的组成主要由步、动作（命令）、有向连线、转换、转换条件组成。

步：矩形框表示步，方框内是该步的编号。编程时一般用 PLC 内部编程元件来代表各步。

初始步：与系统的初始状态相对应的步称为初始步。初始步用双线方框表示，每一个功能表图至少应该有一个初始步，如图 2-4-3 所示。初始步一般由 SM0.1 激活。

动作：一个控制系统可以划分为被控系统和施控系统。对于被控系统，在某一步中要完成某些“动作”；对于施控系统，在某一步中则要向被控系统发出某些“命令”，将动作或命令简称为动作，如图 2-4-4 所示。

动作的表示：矩形框中的文字或符号表示动作，该矩形框应与相应的步的符号

相连。

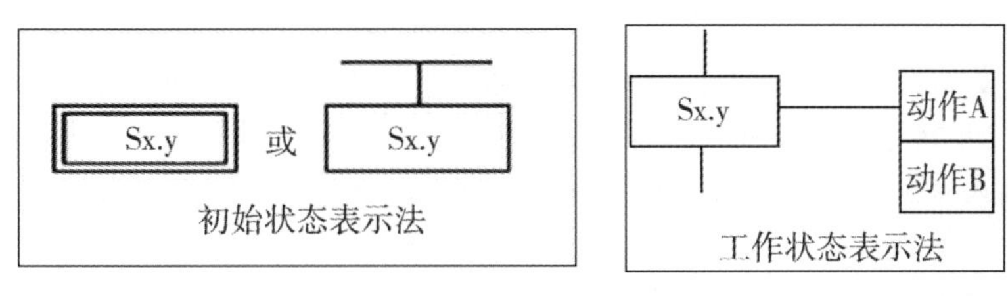

图 2-4-3　初始状态表示　　**图 2-4-4　工作状态表示**

有向连线：功能表图中步的活动状态的顺序进展按有向连线规定的路线和方向进行。活动状态的进展方向习惯上是从上到下或从左至右，在这两个方向有向连线上的箭头可以省略。如果不是上述方向，应在有向连线上用箭头注明进展方向，如图 2-4-5 所示。

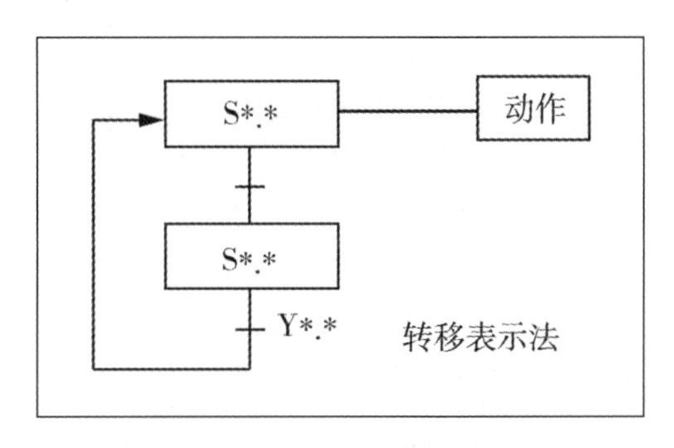

图 2-4-5　状态转移表示

3. 顺序控制继电器

顺序控制继电器与顺序继电器指令配合使用，用于组织机器操作或进入等效程序段的步骤，以实现顺序控制和步进控制。S7-200 PLC 的顺控 S 继电器是 S，编号为 S0.0 ~ S31.7。

在顺序功能图中，一个完整的状态，应包括状态任务、状态转移的条件和转移方向。

（1）状态任务：本状态做什么工作。

（2）转移条件：满足什么条件可以实现状态转移。

（3）转移方向：转移到什么状态去。

4. 顺序控制指令。

（1）指令格式。

顺序控制继电器指令（SCR 指令）是 S7-200 的专门编程语言，它具有自己的一套独立的编程方法，适应于编制顺序控制程序。它使用顺序控制继电器 S 作为编程元件，表 2-4-1 为顺序控制指令表。具体指令格式如下所示：

1）顺序步开始指令（LSCR）。

步开始指令，顺序控制继电器位 SX，Y=1 时，该程序步执行。

2）顺序步结束指令（SCRE）。

SCRE 为顺序步结束指令，顺序步的处理程序在 LSCR 和 SCRE 之间。

3）顺序步转移指令（SCRT）。

使能输入有效时，将本顺序步的顺序控制继电器位清零，下一步顺序控制继电器位置 1。

表 2-4-1　顺序控制指令

LAD	STL	说明
??.? SCR	LSCR n	步开始指令，为步开始的标志；该步的状态元件位置为 1 时，执行该步
??.? —(SCRT)	SCRT n	步转移指令，使能有效时，关断本步，进入下一步；该指令由转换条件的接点起动，n 为下一步的顺序控制状态元件
├(SCRE)	SCRE	步结束指令，为步结束的标志

（2）顺序功能图转化为梯形图的步骤。

顺序功能图转化为梯形图步骤如图 2-4-5 所示。

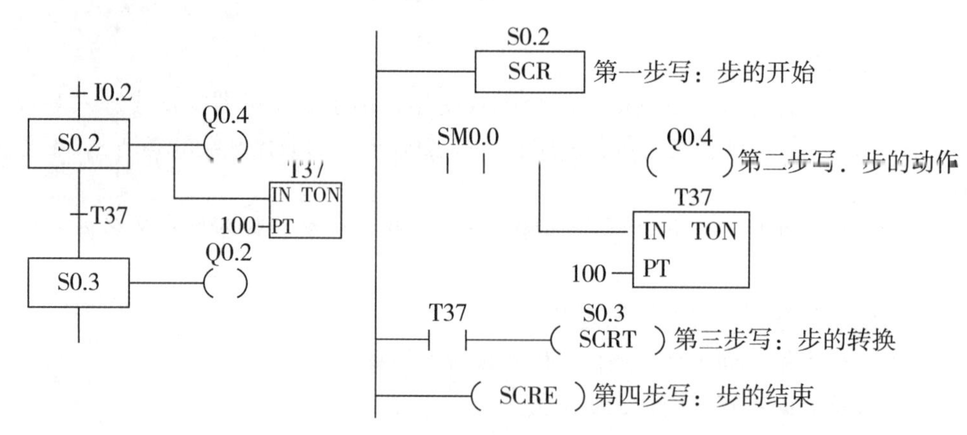

图 2-4-5　顺序功能图转化为梯形图

（3）使用顺序控制指令时的注意事项：

1）步进控制指令 SCR 只对状态元件 S 有效。为了保证程序的可靠运行，驱动状态元件 S 的信号应采用短脉冲。

2）当输出需要保持时，可使用 S/R 指令。

3）不能把同一编号的状态元件用在不同的程序中，例如，如果在主程序中使用 S0.1，则不能在子程序中再次使用。

4）在 SCR 段中不能使用 JMP 指令和 LBL 指令，即不允许跳入或跳出 SCR 段，也不允许在 SCR 段内跳转。可以使用跳转和标号指令在 SCR 段周围跳转。

5）不能在 SCR 段中使用 FOR 指令、NEXT 指令和 END 指令。

二、工量具及材料准备

表 2-4-2　工量具及材料清单

序号	名称	型号规格	数量	备注

◇任务实施◇

表 2-4-3　工作任务指引

步骤	任务	要求
步骤 1	阅读任务要求，明确工作任务	明确任务，找出 I/O 信号
步骤 2	PLC 输入 / 输出地址分配（I/O 分配）	列表分配 I/O 地址
步骤 3	绘制 PLC 接线图	连接正确，电源接线正确
步骤 4	设计 PLC 控制程序	采用数据传送指令设计程序
步骤 5	接线、编辑程序、系统调试	正确安装线路，熟练使用编程软件，调试结果符合要求

（1）阅读任务书及工作示意图（图 2-4-6），明确工作任务。

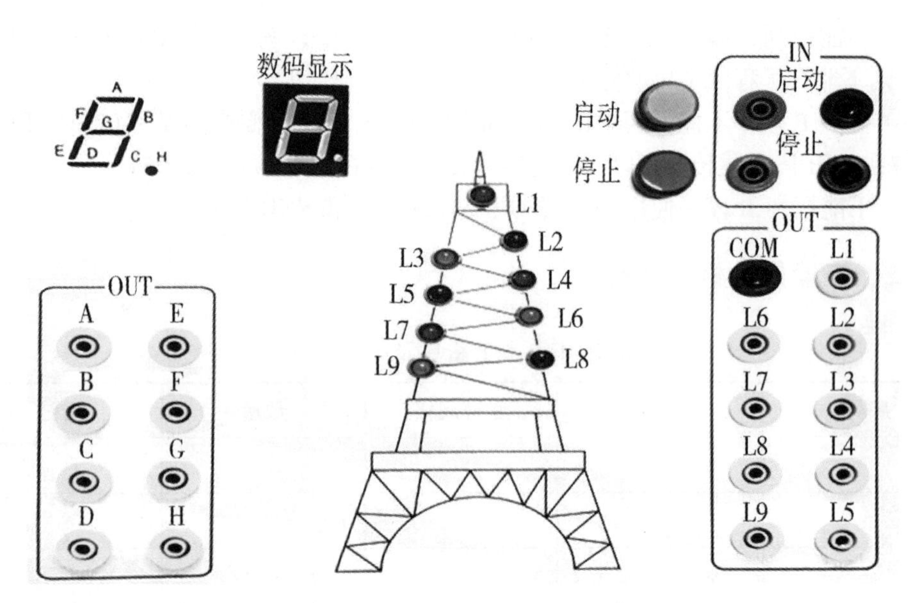

图 2-4-6 铁塔之光的示意图

（2）根据铁塔之光控制要求编制 I/O 分配表（表 2-4-3）

表 2-4-3 铁塔之光控制 I/O 分配表

输入继电器		输出继电器	
外部元件	功能	外部元件	功能

（3）根据 I/O 分配表，画出 PLC 的 I/O 接线图。

（4）画出状态流程图（图 2-4-7）。

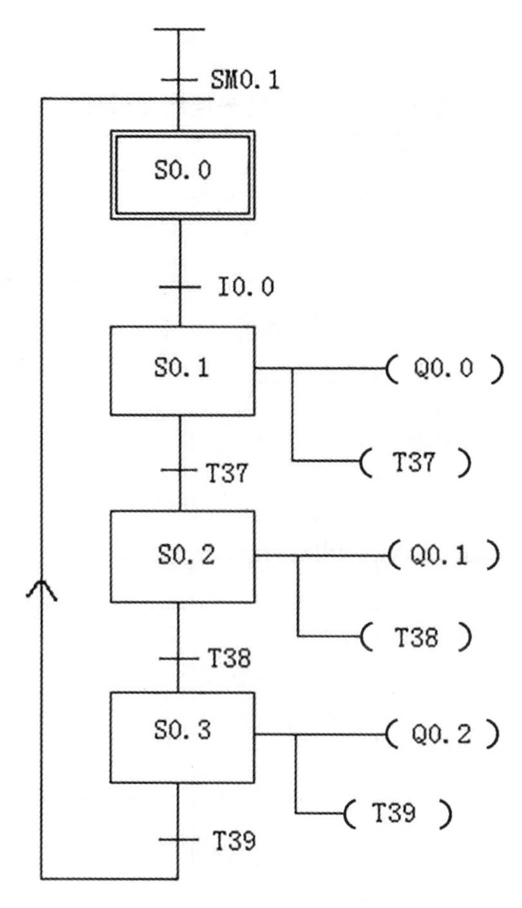

图 2-4-7　状态流程参考图

（5）设计 PLC 梯形图程序。

◇任务评价◇

表 2-4-4　铁塔之光控制评价表

<table>
<tr><td colspan="2">班级：________
小组：________
姓名：________</td><td colspan="6">指导教师：________
日　　期：________</td></tr>
<tr><td rowspan="2">评价项目</td><td rowspan="2">评价标准</td><td rowspan="2">评价依据</td><td colspan="3">评价方式</td><td rowspan="2">权重</td><td rowspan="2">得分小计</td></tr>
<tr><td>学生自评 20%</td><td>小组互评 30%</td><td>教师评价 50%</td></tr>
<tr><td>职业素养</td><td>1. 作风严谨、自觉遵章守纪
2. 按时、按质完成工作任务
3. 积极主动承担工作任务，勤学好问
4. 人身安全与设备安全
5. 工作岗位 7S 完成情况</td><td>1. 出勤情况
2. 工作态度
3. 劳动纪律
4. 团队协作精神</td><td></td><td></td><td></td><td>0.2</td><td></td></tr>
<tr><td>专业能力</td><td>1. 工作原理的分析情况
2. I/O 分配情况
3. 梯形图设计图情况
4. 安装接线情况
5. 调试运行情况</td><td>1. 回答的准确性
2. 项目完成情况</td><td></td><td></td><td></td><td>0.7</td><td></td></tr>
<tr><td>创新能力</td><td>1. 在任务完成过程中能提出自己的见解或方案
2. 在教学或生产管理上提出的建议具有创新性</td><td>1. 方案的可行性
2. 建议的可行性</td><td></td><td></td><td></td><td>0.1</td><td></td></tr>
<tr><td>合计</td><td></td><td></td><td></td><td></td><td></td><td></td><td></td></tr>
</table>

◇任务拓展◇

如何编程实现同一种颜色的灯光同时点亮？

◇课后作业◇

用顺序控制一台电动机，要求电动机正转 10 s，停 5 s，再反转 10 s，停 5 s，在正转 10 s……，如此循环 10 次，电动机停止运行。

附：本任务参考程序（图 2-4-8）

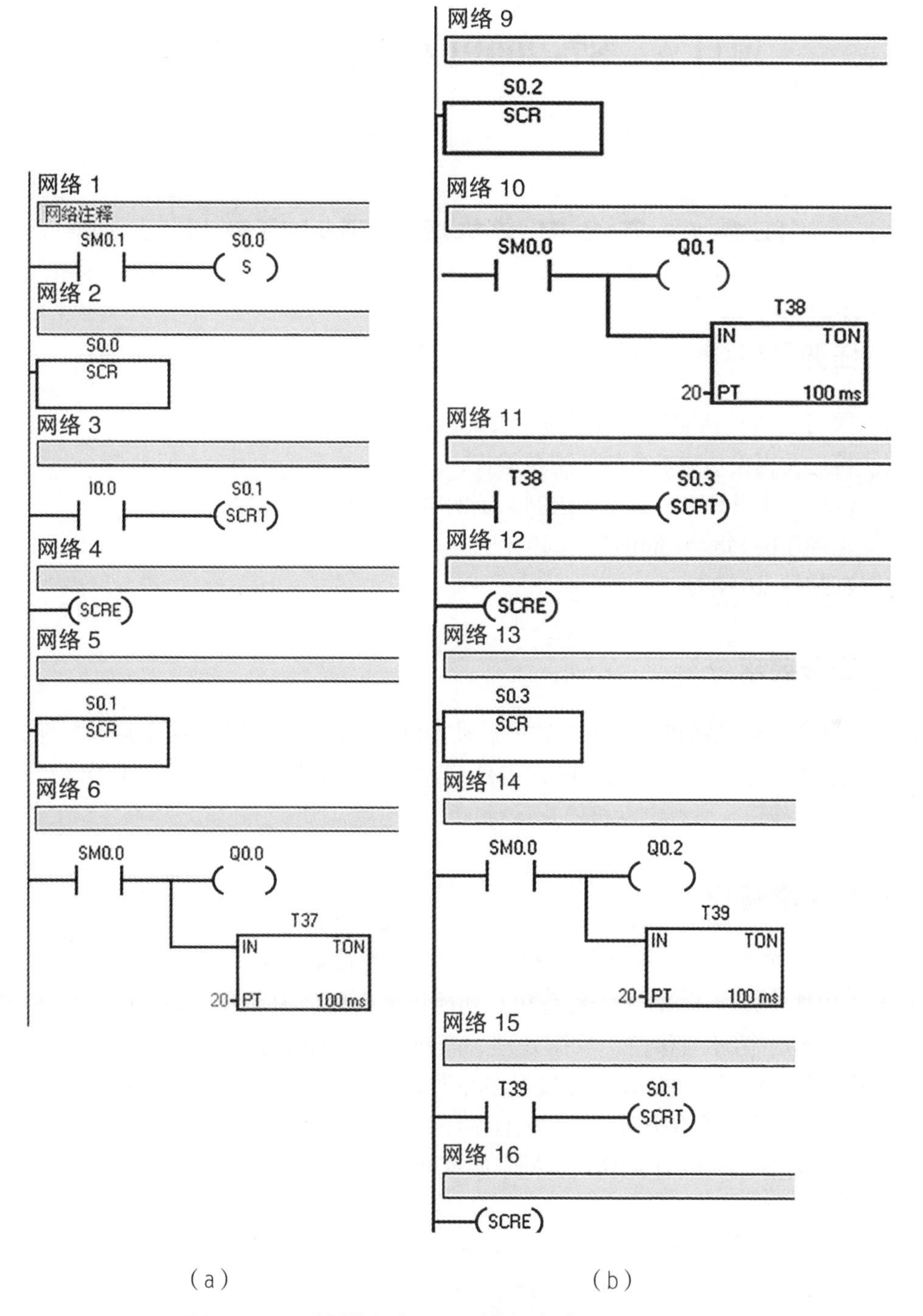

图 2-4-8　铁塔之光 PLC 控制参考程序

项目三　S7-200PLC 功能指令应用

任务 1　三台电动机顺序延时启动控制

◇任务目标◇

1. 西门子 PLC 功能指令编程的一般概念和规约；
2. 传送及相关功能指令的使用及编程；
3. PLC 程序设计方法，正确绘制系统的电气控制原理图；
4. 正确连接 PLC 外部电路，调试程序。

建议课时：10 学时。

◇任务要求◇

某车间有三台电动机需要进行顺序启动控制，控制要求如下：按下启动按钮，电动机 M1 启动运行，延时 2 s 后电动机 M2 启动运行，再延时 2 s 后电动机 M3 启动运行；按下停止按钮，所有电动机停止运行。

◇任务准备◇

功能指令实质上是一个功能完整的子程序，它拓宽了 PLC 的应用范围，提高了 PLC 的实用性。西门子 S7-200 系列 PLC 功能指令一般分为程序控制、比较传送、算术与逻辑运算、循环与移位、数据处理、高速处理、外部输入与输出、外部设备通信、点位控制、实时时钟、出点比较等多种类型。

本任务的实现方式有很多，为了配合本任务的学习，我们采用西门子 S7-200PLC 的功能指令（数据传送指令）来实现，同学们也可以尝试用其他方式编程实现该任务。

一、知识准备

1. 西门子 PLC 功能指令编程规约

与其他指令的使用稍有不同，在西门子的功能块图中，一般不采用左右母线的概念，而采用“能量流”的概念。“能量流”这个术语用来表示功能块图逻辑模块的控

制流概念，通过功能块图元件的逻辑“1”称为能量流。

图 3-1-1 所示为功能指令的一般形式，通常由指令名称、能量流输入输出端子和操作数端子构成。图（a）为字节数据传送指令（MOV_B），EN/ENO 为能量流的输入、输出端子，EN 通常也称为该指令的使能端；IN 和 OUT 则为操作数端子，该指令的功能为在使能端 EN=1 的情况下，把字节数据从 IN 传送到 OUT，实现数据传送。图（b）为整数加法指令（ADD_I），同学们可参考图（a）各个端子的说明，试分析一下图（b）中各个端子的作用。

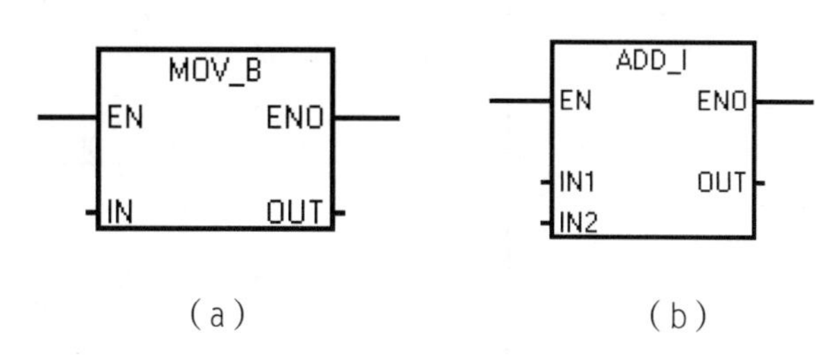

图 3-1-1　功能指令示例

在功能块图中，如果 EN=1，即 EN 输入存在能量流，则功能块执行该指令的功能。如果功能块准确无误地执行了其功能，那么 ENO 将把能量流传递到下一个单元；如果执行过程中存在错误，能量流将在出现错误的功能块终止。

在功能图中出现的一些符号，如操作数端子上的“？”符号表示该操作数需要一个值；EN 端子上出现的虚线箭头符号表示能量流开路、需要一个能量流连接；ENO 端子后的指向短竖线的实线箭头表示输出一个可选的能量流，用于指令的级联。

2. 传送指令

传送指令是在不改变原存储单元值的情况下，将 IN（输入端存储单元）的值复制到 OUT（输出端存储单元）中。传送指令包括普通传送指令、字节立即传送指令、块传送指令等。这里简单介绍普通传送指令的使用，其他传送指令可以参考普通传送指令进行使用。

普通传送指令可按字节（B）、字（W）、双字（DW）、浮点数（R）进行传送。

MOV_B：字节传送指令，将输入字节（IN）移至输出字节（OUT），不改变原来的数值。

MOV_W：字传送指令，将输入字（IN）移至输出字（OUT），不改变原来的数值。

MOV_DW：双字传送指令，将输入双字（IN）移至输出双字（OUT），不改变原来的数值。

MOV_R：浮点数传送指令，将输入浮点数（IN）移至输出浮点数（OUT），不改变原来的数值。

需要注意的是，数据传送时不同传送指令的数据范围。

图 3-1-2 为普通传送指令的应用示例。当 I0.0=1 时，各功能块的 EN=1 存在能量流连接，执行各指令：MOV_B 执行把数据“10”传送到字节 MB0，MOV_W 执行把数

据“1000”传送到字 MW2，MOV_DW 执行把数据“100000”传送到双字 MD4，MOV_R 执行把数据“10.0”传送到浮点数 MD8。若 I0.0=0 则不执行数据传送指令。

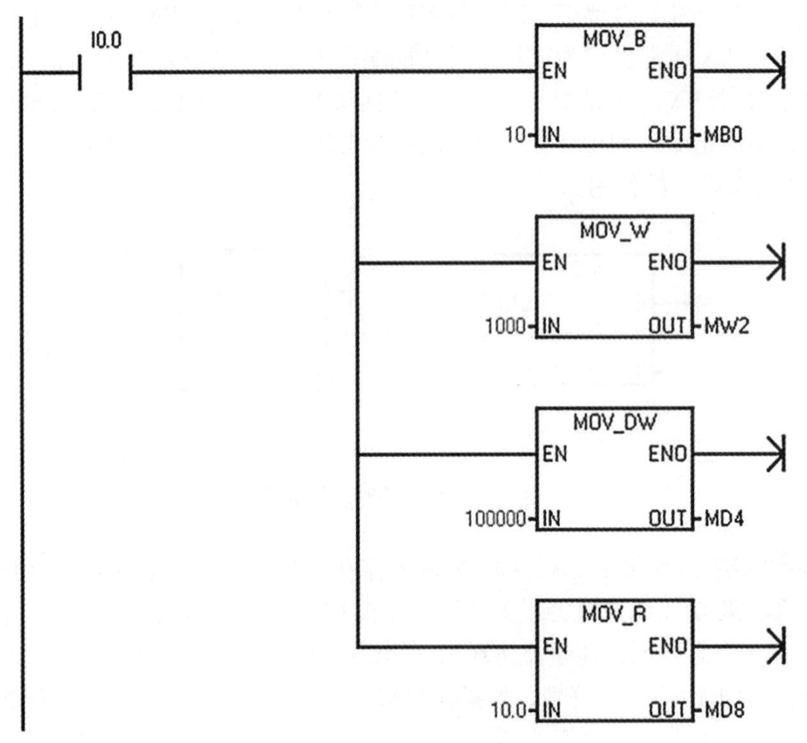

图 3-1-2 传送指令程序示例

二、工量具及材料准备

表 3-1-1 工量具及材料清单

序号	名称	型号规格	数量	备注

◇任务实施◇

表 3-1-2　工作任务指引

步骤	任务	要求
步骤 1	阅读任务要求，明确工作任务	明确任务，找出 I/O 信号
步骤 2	PLC 输入 / 输出地址分配（I/O 分配）	列表分配 I/O 地址
步骤 3	绘制 PLC 接线图	连接正确，电源接线正确
步骤 4	设计 PLC 控制程序	采用数据传送指令设计程序
步骤 5	接线，编辑程序。系统调试	正确安装线路，熟练使用编程软件，调试结果符合要求

（1）阅读任务书，明确工作任务。

通过分析三台电动机顺序延时启动的控制要求，找出该任务的 I/O 信号。两个输入信号，启动按钮和停止按钮；输出信号为控制三台电动机的接触器 KM1、KM2、KM3。三台电动机延时启动，通过设置两个定时器，由定时器信号依次启动电动机。

本任务要求使用数据传送指令实现控制功能。利用数据传送指令对数据（字节，如 QB0）按要求进行赋值；通过传送数据使相应的输出端子置 1 或置 0，达到启停的控制目的。

（2）画出 PLC 控制系统的外部主电路。

（3）根据控制要求，填写 I/O 分配表。

表 3-1-3　三台电动机顺序启动控制 I/O 地址分配表

输入			输出		
外部元件	地址	功能	外部元件	地址	功能

（4）根据 I/O 分配表，画出 PLC 的 I/O 接线图。

（5）设计 PLC 梯形图程序。

（6）程序调试。

按下列步骤进行程序系统调试，调试完成后，整理工位，做好记录，完成实训报告。

表 3-1-4　程序调试步骤及要求

步骤	操作内容	注意事项	记录
程序编辑	在编程软件上编辑梯形图程序	正确、熟练使用编程软件	
电路连接	根据接线图连接电路	断电状态下正确连接电路	
通电调试	下载程序、运行调试	观察程序运行结果，调试直到结果正确	
实训总结	整理实训工位，完成实训报告		

◇任务评价◇

表 3-1-5　三台电动机顺序启动控制评价表

<table>
<tr><td colspan="2">班级：________
小组：________
姓名：________</td><td colspan="6">指导教师：________
日　　期：________</td></tr>
<tr><td rowspan="2">评价项目</td><td rowspan="2">评价标准</td><td rowspan="2">评价依据</td><td colspan="3">评价方式</td><td rowspan="2">权重</td><td rowspan="2">得分小计</td></tr>
<tr><td>学生自评 20%</td><td>小组互评 30%</td><td>教师评价 50%</td></tr>
<tr><td>职业素养</td><td>1. 作风严谨、自觉遵章守纪
2. 按时、按质完成工作任务
3. 积极主动承担工作任务勤学好问
4. 人身安全与设备安全
5. 工作岗位 7S 完成情况</td><td>1. 出勤情况
2. 工作态度
3. 劳动纪律
4. 团队协作精神</td><td></td><td></td><td></td><td>0.2</td><td></td></tr>
<tr><td>专业能力</td><td>1. 电气原理的分析情况
2. 布置图及接线图绘制情况
3. 元件安装情况
4. 安装布线情况
5. 自检、互检及试车情况</td><td>1. 回答的准确性
2. 项目完成情况</td><td></td><td></td><td></td><td>0.7</td><td></td></tr>
<tr><td>创新能力</td><td>1. 在任务完成过程中能提出自己的见解或方案
2. 在教学或生产管理上提出的建议具有创新性</td><td>1. 方案的可行性
2. 建议的可行性</td><td></td><td></td><td></td><td>0.1</td><td></td></tr>
<tr><td>合计</td><td></td><td></td><td></td><td></td><td></td><td></td><td></td></tr>
</table>

◇任务拓展◇

1．想一想，如果传送指令输入数值超出范围会出现什么情况？编一段程序，上机调试看看。

2．使用本任务介绍的传送指令，编写一段程序，实现电动机 Y- △启动控制并上机调试。

◇课后作业◇

1．功能指令中 EN 端子的作用是____________，ENO 端子的作用是_________。若功能指令准确执行，则 EN=_________，ENO=__________。

2．MOV_B 指令的作用是______________________，该指令 IN 端子输入最大数值为__________，MOV_W 指令 IN 端子输入最大数值为____________。

3．功能指令端子上出现“？”表示_______________，ENO 出现“指向短竖线箭头”符号表示________。

附：本任务参考程序（图 3-1-3）

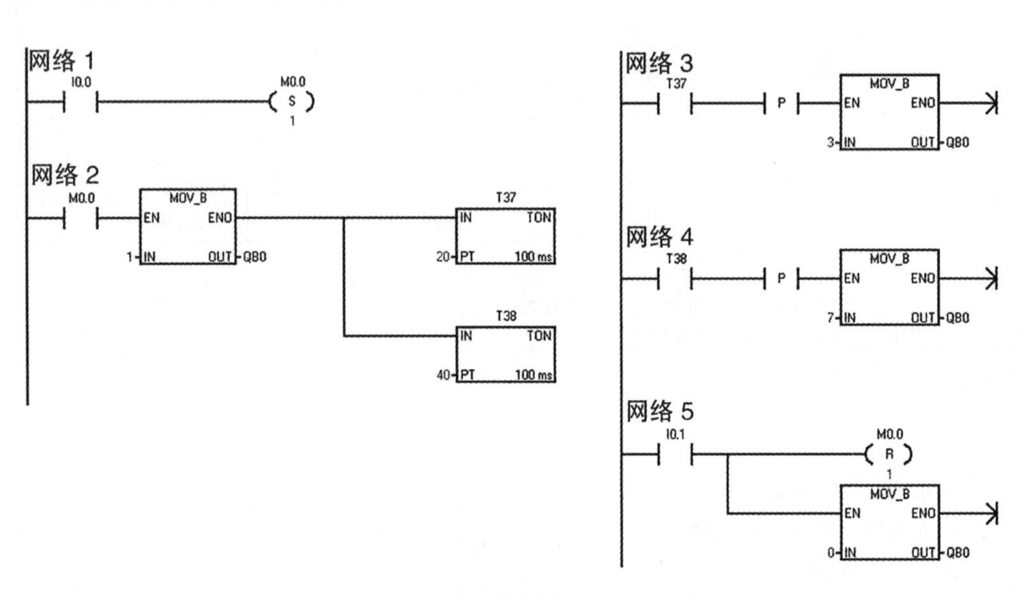

图 3-1-3 三台电动机顺序延时启动参考程序

任务 2　PLC 控制流水线速度计算

◇任务目标◇

1. 数值运算及相关功能指令的使用及编程；
2. 熟练使用编程软件，正确连接电路，调试程序；
3. 遵守实训制度和相关规程、提高职业素养。

建议课时：10 学时。

◇任务要求◇

某车间流水线作业中，生产管理人员需要对流水线的速度进行实时监控。电动机与多齿凸轮同轴转动，凸轮上有 10 个突齿，电动机每旋转一周，流水线前进 0.325 m。根据上述设备参数，计算流水线速度（单位：m/s）。

◇任务准备◇

一、知识准备

数值运算指令包括整数运算指令、浮点数运算指令和逻辑运算指令。在浮点数运算指令中，西门子 PLC 还提高了丰富的三角函数等数学函数功能指令。通过这些数值运算指令，可以完成绝大部分的数学运算。

在 S7-200 中，各种指令对数据格式都有一定的要求，指令与数据之间的格式要一致才能正常工作。数据的长度决定了数值的大小，如表 3-2-1 所示。

表 3-2-1　S7-200 的数据格式及数据长度

数据格式	数据长度	数据类型	数值范围
BOOL	1	布尔型	0/1
BYTE	8	符号整数	0~255
INT	16	有符号整数	-32768~32767
WORD	16	无符号整数	0~65535
DINT	32	有符号整数	-2147483648~2147483647
DWORD	32	无符号整数	0~4294967295
REAL	32	32 位单精度浮点数	-3.402823E+38~-1.175495E-38(负数) 1.175495E-38~3.402823E+38（正数）

1. 整数运算指令

整数运算指令包括正数四则运算指令、增指令、减指令等，如图 3-2-1 所示。

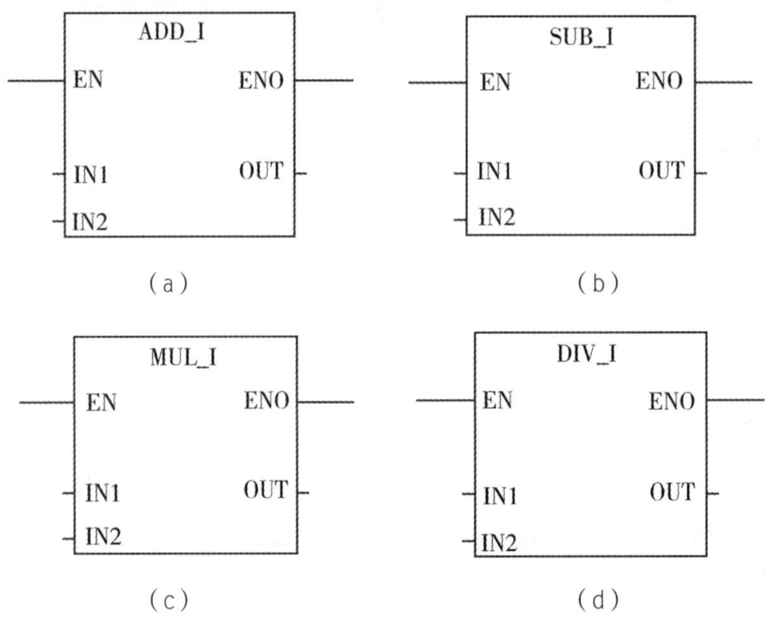

图 3-2-1 整数四则运算指令

在使能端 EN=1 的情况下：

图 3-2-1（a）所示的 ADD_I 加法指令，OUT=IN1+IN2，将两个 16 位整数相加，产生一个 16 位的整数结果。

图 3-2-1（b）所示的 SUB_I 减法指令，OUT=IN1-IN2，将两个 16 位整数相减，产生一个 16 位的整数结果。

图 3-2-1（c）所示的 MUL_I 乘法指令，OUT=IN1*IN2，将两个 16 位整数相乘，产生一个 16 位的整数结果。

图 3-2-1（d）所示的 DIV_I 除法指令，OUT=IN1/IN2，将两个 16 位整数相除，产生一个 16 位的整数商，不保留余数。

在整数乘除法中，还有两个特殊指令，完全乘法指令（MUL）和完全除法指令（DIV）。完全乘法指令将两个 16 位整数相乘产生一个 32 位的双整数结果；完全除法指令将两个 16 位整数相除，产生一个 32 位双整数结果，一个 16 位的余数（高 16 位）和一个 16 位的商（低 16 位）。

如图 3-2-2 所示程序，当 I0.0=1 时，分别执行整数加减乘除运算，结果如下：

VW4=VW0+VW2

VW14=VW10-VW12

VW24=VW20*VW22

VW34=VW30/VW32（整除）

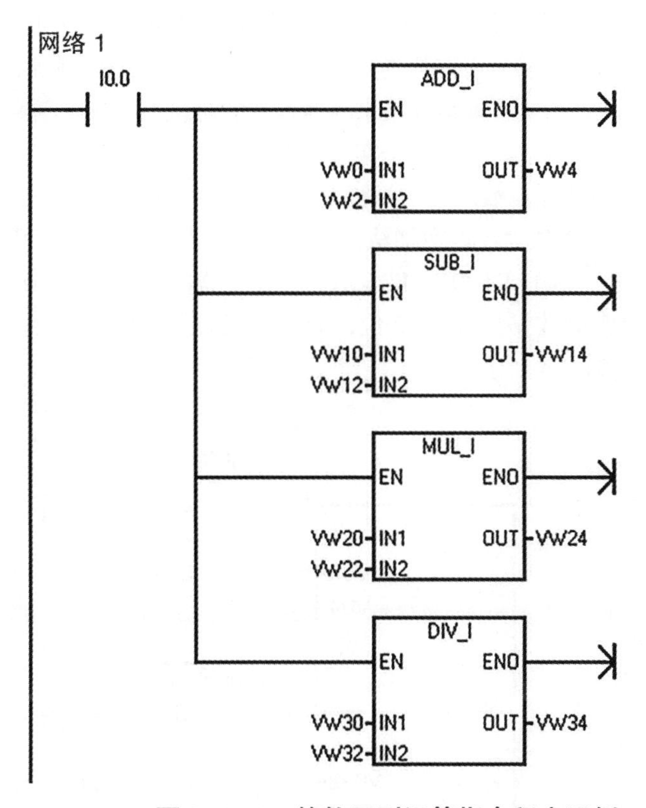

图 3-2-2　整数四则运算指令程序示例

增指令或减指令的数据长度可以是字节、字和双字，指令每执行一次，将输入的值加 1 或减 1。其中，INC_B 为字节增指令，INC_W 为字增指令，INC_DW 为双字增指令；DEC_B 为字节减指令，DEC_W 为字减指令，DEC_DW 为双字减指令。增指令和减指令程序示例如图 3-2-3 所示。

网络 2
I0.1
P
INC_B
EN ENO
VB0 IN OUT VB0
DEC_B
EN ENO
VB1 IN OUT VB1

图 3-2-3　增指令（减指令）程序示例

需要注意的是，增指令（减指令）使用时往往需要配合上升沿检测指令使用，输入、输出一般为相同的数据地址。因为每一次执行后，数据本身的值会发生变化，采用上升沿检测指令（下降沿检测有同样的效果）可以确保前面的控制触点闭合一次，加（减）指令仅执行一次，否则可能运算结果与编程者的初衷不一致，产生逻辑错误。

2. 浮点数运算指令

浮点数运算指令包括浮点数四则运算指令、三角函数指令和数学功能指令。

浮点数四则运算指令分为浮点数加法指令、减法指令、乘法指令和除法指令，分别用 ADD_R、SUB_R、MUL_R、DIV_R 表示。其使用方法和整数四则运算指令类似，不同的地方就是浮点数的数据长度为 32 位，数据格式必须与指令一致。浮点数四则运算指令程序示例如图 3-2-4 所示。

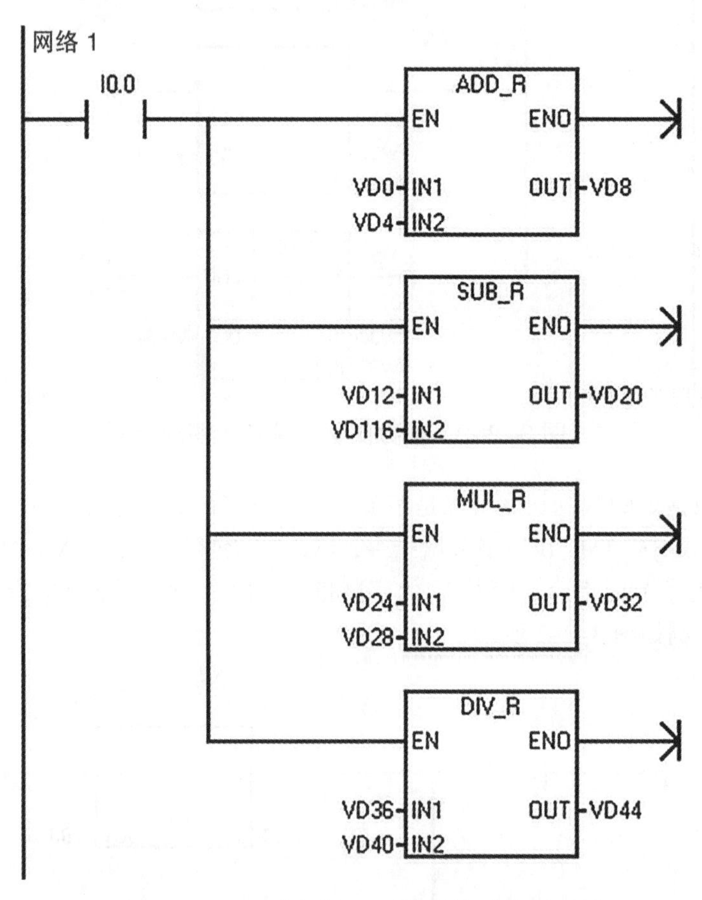

图 3-2-4 浮点数四则运算指令程序示例

三角函数指令和数学功能指令为编程人员快速解决数学运行和数学问题提供了极大便利。其包含正弦函数、余弦函数、正切函数等常用三角函数的应用，此外还提供了自然对数、指数和平方根函数指令，可以解决大部分数学运算问题。

在使用三角函数时，输入的角度值以弧度为单位，这一点在使用时应该特别注意，以度为单位时要注意进行角度换算。三角函数和数学功能指令的数据格式均为浮

点数。

三角函数和数学功能指令的使用与前面的四则运算指令类似，不再作详细说明，同学们可以参考相关资料自主学习。

3. 数值运算指令应用举例

例：用数值运算指令计算以下算式的结果

$$MW5=\frac{(IW1+DBW4)\times 25}{MW1}$$

通过分析算式可知，求解过程应是先计算 IW1+DBW4，然后计算二者的和再乘以 25，再用乘积除以 MW1，将最终结果放入 MW5 中。根据以上分析，采用四则运算指令可以方便求出结果，参考程序如图 3-2-5 所示。

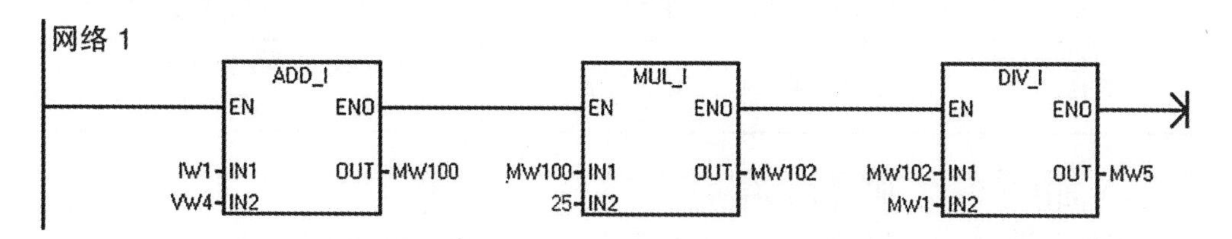

图 3-2-5　四则运算指令应用

二、工量具及材料准备

表 3-2-2　工量具及材料清单

序号	名称	型号规格	数量	备注

◇任务实施◇

表 3-2-3　工作任务指引

步骤	任务	要求
步骤 1	阅读任务要求，明确工作任务	明确任务，找出 I/O 信号
步骤 2	设计外部主电路	正确、合理
步骤 3	PLC 输入 / 输出地址分配（I/O 分配）	列表分配 I/O 地址
步骤 4	画出 PLC 的 I/O 接线图	连接正确，电源接线正确
步骤 5	设计 PLC 控制程序	采用数据传送指令设计程序
步骤 6	接线，编辑程，系统调试	正确安装线，熟练使用编程软件，调试结果符合要求

（1）阅读任务书，明确工作任务。

根据任务描述，通过分析可知：凸轮上有 10 个突齿，电动机每旋转一圈，传感器（接近开关）可接收到 10 个脉冲信号，因此，用每分钟接收到的脉冲个数除以 10，即可计算出电动机的转速（r/min）；又因为电动机转动一圈，流水线前进 0.325 m，因此用电动机转速乘以 0.325 m 即得到一分钟流水线前进的距离，用该值除以 60 即可计算出流水线每秒前进的距离及线速度（m/s）。

分配信号数据地址，假设传感器信号为 I0.0，接收的脉冲数存储在数据单元 VD0 中，线速度的计算结果存储在数据单元 VD10 中。每分钟用接收到的脉冲进行一次计算，得出流水线速度，公式如下：

$$\mathrm{VD10}=\frac{\frac{\mathrm{VD0}}{10}\times 0.325}{60}=\frac{\mathrm{VD0}\times 0.325}{600}$$

采用浮点数四则运算指令可以实现上述算式的计算。

（2）画出 PLC 控制系统的外部主电路。

（3）根据流水线的控制要求，填写 I/O 分配表（表 3-2-4）。

表 3-2-4　I/O 地址分配表

输入			输出		
外部元件	地址	功能	外部元件	地址	功能

（4）根据 I/O 分配表，画出 PLC 的 I/O 接线图。

（5）设计 PLC 梯形图程序。

（6）程序调试。

按下列步骤进行程序系统调试（表 3-2-5），调试完成后，整理工位，做好记录，完成实训报告。

表 3-2-5　程序调试步骤及要求

步骤	操作内容	注意事项	记录
程序编辑	在编程软件上编辑梯形图程序	正确、熟练使用编程软件	
电路连接	根据接线图连接电路	断电状态下正确连接电路	
通电调试	下载程序、运行调试	观察程序运行结果，调试直到结果正确	
实训总结	整理实训工位，完成实训报告		

本任务计算结果存储在 PLC 的数据寄存器内，请同学们思考应如何查看及验证计算结果是否正确？

◇任务评价◇

表 3-2-6　PLC 控制流水线速度计算评价表

班级： 小组： 姓名：		指导教师： 日　　期：					
评价项目	评价标准	评价依据	评价方式			权重	得分小计
			学生自评 20%	小组互评 30%	教师评价 50%		
职业素养	1. 作风严谨、自觉遵章守纪 2. 按时、按质完成工作任务 3. 积极主动承担工作任务，勤学好问 4. 人身安全与设备安全 5. 工作岗位 7S 完成情况	1. 出勤情况 2. 工作态度 3. 劳动纪律 4. 团队协作精神				0.2	
专业能力	1. 工作任务的分析情况 2. 主电路绘制情况 3. I/O 分配情况 3. 梯形图设计图情况 4. 安装接线情况 5. 调试运行情况	1. 回答的准确性 2. 项目完成情况				0.7	
创新能力	1. 在任务完成过程中能提出自己的见解或方案 2. 在教学或生产管理上提出的建议具有创新性	1. 方案的可行性 2. 建议的可行性				0.1	
合计							

◇任务拓展◇

1．试一试，使用相关的功能指令编写程序，计算出“1+2+3+4+…+100”的值。

2．编写一段程序，求解 60° 的正弦值。

◇课后作业◇

1．MUL_I 指令的功能是______________MUL 指令的功能是______________。二者的区别主要是计算结果，MUL_I 的计算结果为__________位，而 MUL 计算结果为__________位。

2．特殊辅助继电器 SM0.1 的作用是____________，特殊辅助继电器 SM0.4 的作用是____________，特殊辅助继电器________提供周期为 1 s 的时钟信号。

3．增指令或减指令在使用时通常应该和__________指令配合使用，确保控制触点每闭合一次，增指令或减指令仅仅执行___________次。

4．三角函数指令输入角度以__________为单位，要注意角度换算。三角函数和数学功能函数指令的数据格式均为__________。

附：本任务参考程序（图 3-2-6）

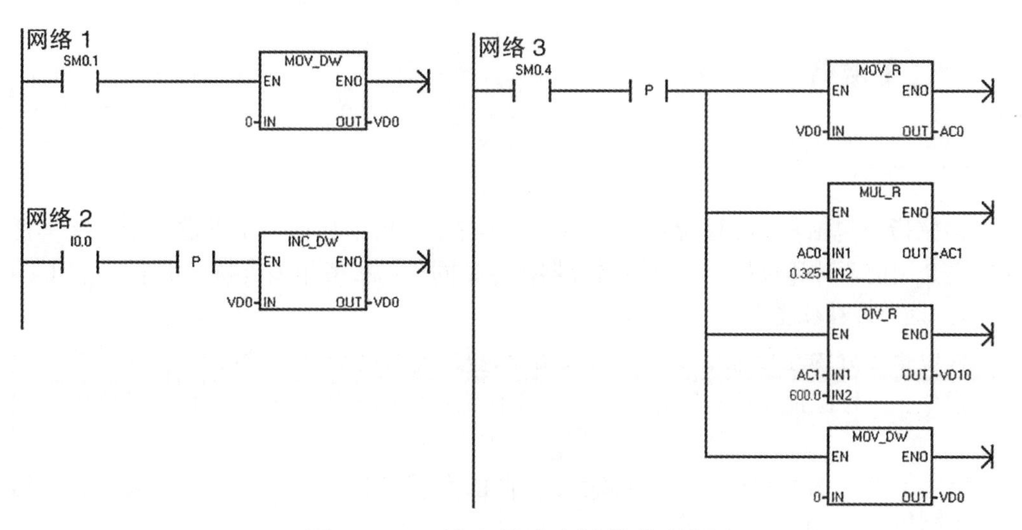

图 3-2-6　流水线速度计算参考程序

在图 3-2-6 中，网络 1 第一个扫描周期将脉冲数清零（初始化），特殊辅助继电器 SM0.1 为通电瞬时脉冲，维持一个扫描周期，通常作为初始化信号。网络 2 通过传感器信号（I0.0）采集脉冲数，I0.0 每接通一次，数据 VD0 加 1。网络 3 每分钟计算一次速度，将计算结果存入 VD10，同时脉冲数清零，重新统计计算。特殊辅助继电器 SM0.4 为周期一分钟的时钟脉冲。

任务3　跑马灯控制

◇任务目标◇

1. 移位及相关功能指令的使用及编程；
2. 熟练使用编程软件，正确连接电路、调试程序；
3. 熟悉功能指令的应用方式，举一反三，自主学习其他功能指令的使用；

建议课时：10 学时。

◇任务要求◇

某装饰现场要进行一组彩灯控制程序设计。彩灯控制要求：一组彩灯 L_1~L_8，要求 L_1 点亮 1 s 后熄灭，然后 L_2 点亮，1 s 后熄灭，按此规律依次点亮 8 盏彩灯。在 L_8 点亮 1 s 熄灭后，再重新点亮 L_1，这样周而复始运行。8 盏彩灯排成一列，就像奔跑中的八匹马，故称之为跑马灯。

◇任务准备◇

一、知识准备

移位指令包括左 / 右移位指令、循环左 / 右移位指令和移位寄存器指令，在本任务中仅介绍前两种移位指令，移位寄存器指令请同学们参考相关资料自主学习应用。

1. *左 / 右移位指令*

移位指令分为左移位指令和右移位指令，每一种移位指令按数据长度又分为字节移位指令、字移位指令和双字移位指令。左移位指令用 SHL 表示，右移位指令用 SHR 表示。

SHL_B 为字节左移位指令，将输入字节 IN 数值根据移位计数 N 向左移动，将结果载入输出字节 OUT。

SHL_W 为字左移位指令，将输入字节 IN 数值根据移位计数 N 向左移动，将结果载入输出字 OUT。

SHL_DW 为双字左移位指令，将输入字节 IN 数值根据移位计数 N 向左移动，将结果载入输出双字 OUT。

SHR_B 为字节右移位指令，将输入字节 IN 数值根据移位计数 N 向右移动，将结果载入输出字节 OUT。

SHR_W 为字右移位指令，将输入字节 IN 数值根据移位计数 N 向右移动，将结果载入输出字 OUT。

SHR_DW 为双字右移位指令，将输入字节 IN 数值根据移位计数 N 向右移动，将结果载入输出双字 OUT。

图 3-3-1（a）为字节左移位指令，（b）图为字节右移位指令，其他几条指令类似。EN 为使能端，IN 为数据输入端，N 为移位计数（即指令准确执行完后移动的位数），OUT 为数据输出端。执行左移位指令时，数据高位从左端移出，数据低位补零；执行右移位指令时则相反，数据低位从右端移出，数据高位补零。对于字和双字操作，当使用有符号数据类型时，符号位也会被移动。

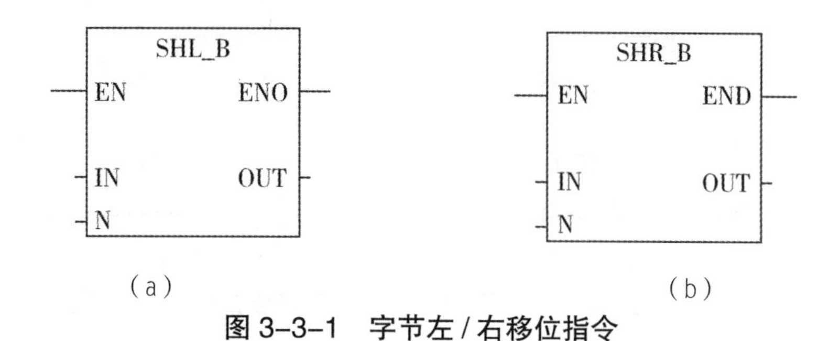

图 3-3-1　字节左 / 右移位指令

在图 3-3-2 中，输入信号 I0.0 每接通一次，使能端 EN=1 时，执行一次移位指令。

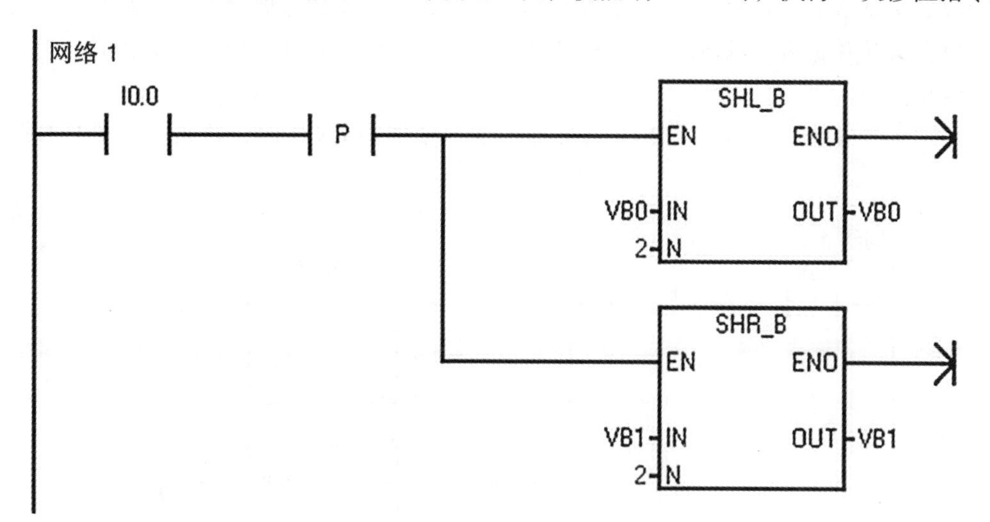

图 3-3-2　移位指令应用示例

假设移位前 VB0=10011111，每次执行指令移动计数为 2，也就是移动两位，因此执行指令 SHL_B 后，VB0=01111100，高位被移出，低位补零。

假设移位前 VB1=10011111，每次执行指令移动计数为 2，也就是移动两位，因此执行指令 SHR_B 后，VB0=00100111，低位被移出，高位位补零。

2. 循环移位指令

循环移位指令分为循环左移位指令和循环右移位指令，每一种移位指令按数据长度也可分为字节循环移位指令、字循环移位指令和双字循环移位指令。循环左移位指令用 ROL 表示，循环右移位指令用 ROR 表示。循环移位指令功能与移位指令类似，例如，ROL_B 为字节循环左移位指令，将输入字节 IN 数值根据移位计数 N 向左循环移动，将结果载入输出字节 OUT；ROR_B 为字节循环右移位指令，将输入字节 IN 数值根据移位计数 N 向右循环移动，将结果载入输出字节 OUT。ROL_W 为字循环左移位指令，ROL_DW 为双字循环左移位指令，ROR_W 为字循环右移位指令，ROR_DW 为双字循环右移位指令。图 3-3-3 所示为字节循环左 / 右移位指令。

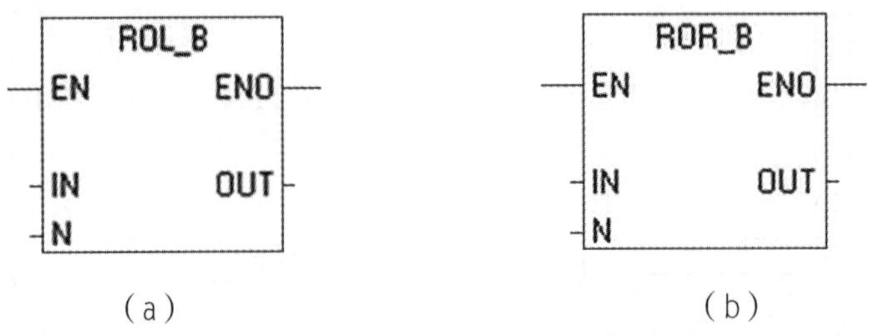

图 3-3-3 字节循环左 / 右移位指令

循环移位执行过程是环形的。执行循环左移位指令时，数据高位从左端移出，移出的数据又从数据低位移入；执行循环右移位指令时相反，数据低位从右端移出，移出的数据又从数据高位移入。对于字和双字操作，当使用有符号的数据类型时，符号位也会被移动。

在图 3-3-4 中，输入信号 I0.0 每接通一次，使能端 EN=1 时，执行一次循环移位指令。

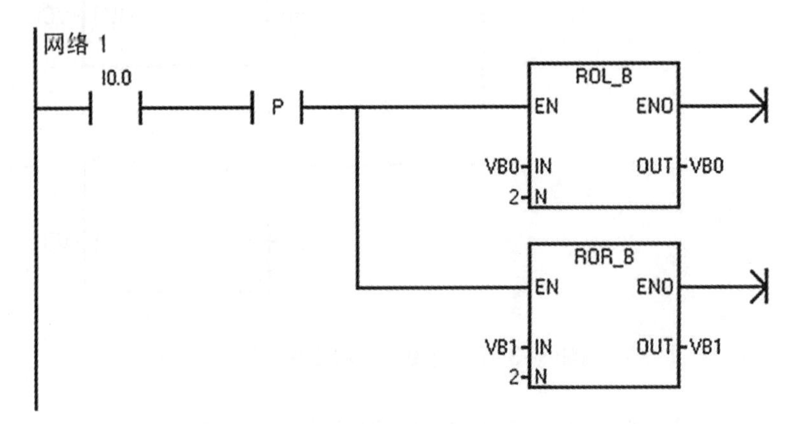

图 3-3-4 循环左 / 右移位指令程序示例

假设移位前 VB0=10011111，每次执行指令移动计数为 2，也就是移动两位，因此执行指令 ROL_B 后，VB0=01111110，高位被移出，移出后又从低位移入。

假设移位前 VB1=10011111，每次执行指令移动计数为 2，也就是移动两位，因此执行指令 ROR_B 后，VB0=11100111，低位被移出，移出后又从高位位移入。

需要注意的是，不管是左 / 右移位指令还是循环左 / 右移位指令，在执行移位指令的过程中，特殊辅助继电器 SM1.1（溢出标志位）和 SM1.0（零标志位）的值会发生变化。

二、工量具及材料准备

表 3-3-1　工量具及材料

序号	名称	型号规格	数量	备注

◇任务实施◇

表 3-3-2　工作任务指引

步骤	任务	要求
步骤 1	阅读任务要求，明确工作任务	明确任务，找出 I/O 信号
步骤 1	设计外部主电路	正确、合理
步骤 2	PLC 输入 / 输出地址分配（I/O 分配）	列表分配 I/O 地址
步骤 3	画出 PLC 的 I/O 接线图	连接正确，电源接线正确
步骤 4	设计 PLC 控制程序	采用数据传送指令设计程序
步骤 5	接线，编辑程序，系统调试	正确安装线路，熟练使用编程软件，调试结果符合要求

（1）阅读任务书，明确工作任务。

（2）画出 PLC 控制系统的外部主电路。

（3）根据控制要求，填写 I/O 分配表（表 3-3-3）。

表 3-3-3　跑马灯控制 I/O 地址分配表

输入			输出		
外部元件	地址	功能	外部元件	地址	功能

（4）根据 I/O 分配表，画出 PLC 的 I/O 接线图。

（5）设计 PLC 梯形图程序。

（6）程序调试。

按下列步骤进行程序系统调试（表 3-3-4），调试完成后，整理工位，做好记录，完成实训报告。

表 3-3-4　程序调试步骤及要求

步骤	操作内容	注意事项	记录
程序编辑	在编程软件上编辑梯形图程序	正确、熟练使用编程软件	
电路连接	根据接线图连接电路	断电状态下正确连接电路	
通电调试	下载程序、运行调试	观察程序运行结果，调试直到结果正确	
实训总结	整理实训工位，完成实训报告		

本任务计算结果存储在 PLC 的数据寄存器内，请同学们思考应如何查看、验证计算结果是否正确。

◇任务评价◇

表 3-3-5　PLC 控制流水线速度计算评价表

班级：________ 小组：________ 姓名：________		指导教师：________ 日　　期：________					
评价项目	评价标准	评价依据	评价方式			权重	得分小计
			学生自评 20%	小组互评 30%	教师评价 50%		
职业素养	1. 作风严谨、自觉遵章守纪 2. 按时、按质完成工作任务 3. 积极主动承担工作任务，勤学好问 4. 人身安全与设备安全 5. 工作岗位 7 完成情况	1. 出勤情况 2. 工作态度 3. 劳动纪律 4. 团队协作精神				0.2	
专业能力	1. 工作任务的分析情况 2. 主电路绘制情况 3. I/O 分配情况 4. 梯形图设计图情况 5. 安装接线情况 6. 调试运行情况	1. 回答的准确性 2. 项目完成情况				0.7	
创新能力	1. 在任务完成过程中能提出自己的见解或方案 2. 在教学或生产管理上提出的建议具有创新性	1. 方案的可行性 2. 建议的可行性				0.1	
合计							

◇任务拓展◇

1. 当改变跑马灯中彩灯的亮、灭规律时，可以得到多种不同的跑马灯效果。想一想，编一段程序实现你想要跑马灯效果。

2. 移位指令的应用广泛，比如可以用移位指令来实现状态转移控制，实现与步进编程类似的功能。通过学习和查找相关资料，试一试，利用移位指令编写一段状态转移控制程序。

◇课后作业◇

1. 左/右移位指令根据移位数据（输入数据 IN）的数据长度可分为是________、________和________三种。移位指令执行后对移出的位自动__________。

2. 移位指令对于字节的操作是__________，对于字和双字的操作，当使用有符号数据类型时，符号位__________。

3. 特殊辅助继电器 SM1.0 为________________，特殊辅助继电器 SM1.1 为__________________。如果移位操作的结果即输出数据 OUT 为 0 时，特殊辅助继电器__________将被置位。

4. 循环移位指令执行过程是__________，执行循环左移位指令时，数据高位从__________移出，移出的数据又从数据低位移入；执行循环右移位指令时相反，数据低位从__________移出，移出的数据又从数据高位移入。

附：本任务参考程序（图 3-3-5）

网络 1 中，当按下启动按钮后，点亮第一个彩灯，如果启动按钮弹出，则熄灭所有彩灯。网络 2 中，按下启动按钮后，启动有自复位功能的循环计时器，计时时间到，重新开始计时。网络 3 中，当计时时间到，执行循环左移指令，点亮下一个彩灯，熄灭当前彩灯。

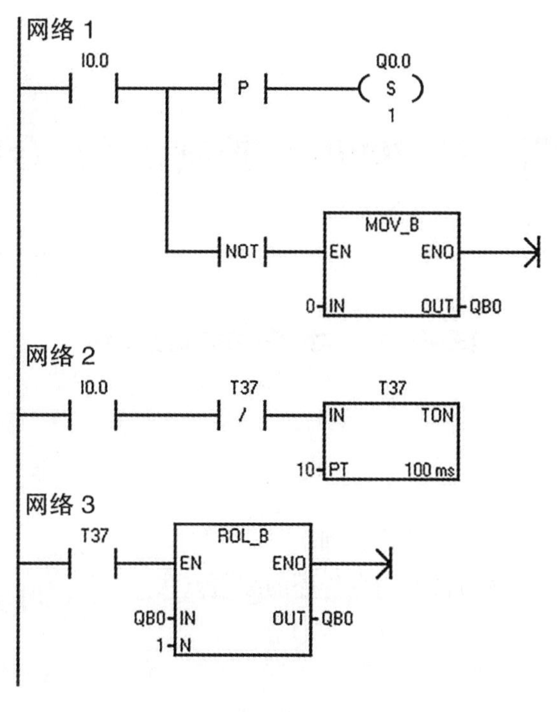

图 3-3-5　跑马灯控制参考程序

项目四　S7-200PLC 控制系统综合应用

任务 1　水塔水位控制

◇任务目标◇

1. 了解水塔水位自动控制工作原理；
2. 掌握梯形图的编程方法和指令程序的编写方法。

建议课时：4 学时。

◇任务要求◇

水塔水位控制如图 4-1-1 所示。当水池液面低于下限水位（S4 为 ON），电磁阀 Y 打开注水，S4 为 OFF，表示水位高于下限水位。当水池液面高于上限水位（S3 为 ON），电磁阀 Y 关闭。当水塔水位低于下限水位（S2 为 ON），水泵 M 工作，向水塔供水，S2 为 OFF，表示水位高于下限水位。当水塔液面高于上限水位（S1 为 ON），水泵 M 停止。当水塔水位低于下限水位，同时水池水位也低于下限水位时，水泵 M 不启动。

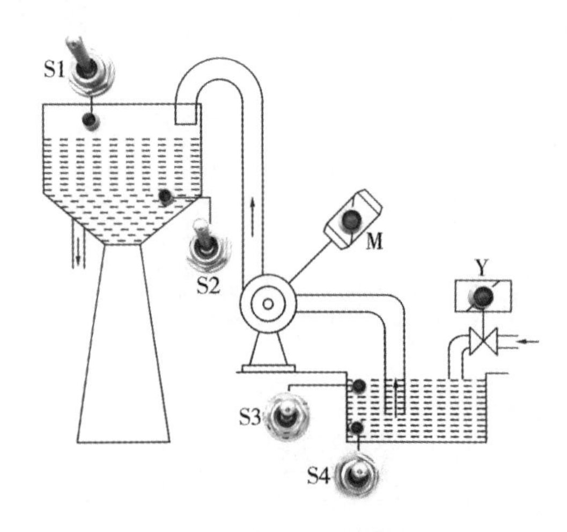

图 4-1-1　水塔水位控制示意图

◇任务准备◇

一、知识准备

1. PLC 程序自动控制水位的意义

水在人们生活和生产中起着不可替代的重要作用。一旦断水，轻则给人们生活带来极大的不便，重则可能造成严重的生产事故及损失，因此人们对供水系统就提出了更高的要求，即及时、准确、安全、充足地供水。传统水塔供水是直接采用水泵，供水过程中只能通过判断水塔水位及水井水位，人为控制水泵何时工作、何时停止，这样的供水过程，劳动强度大、工作效率低，安全性难以保障。

2. PLC 程序自动控制水位的方式

利用浮球开关、水位继电器和非接触式的水位开关的电器等作为外部输入设备，通过 PLC 程序自动控制水位，实现提供足够的水量、平稳的水压。

（1）通过电子式水位开关和搭配的水位控制器控制水位。

电子式水位开关的原理是通过电子探头对水位进行检测，再由水位检测专用芯片对检测到的信号进行处理。当被测液体到达动作点时，芯片输出高电平或低电平信号，再配合水塔水位控制器，从而实现对液位的控制。这种方式更加实用，耐腐、寿命长，是较好的水库自动水位控制方式。

（2）通过浮球开关来控制水位。

浮球开关控制水位基本上有两种方式：一种是浮球开关带着一个大的金属球，浸在水中时浮力大，可以控制两个水位，比如水满了，浮球因为浮力而上升，带动球阀运动，使阀门关闭，停止进水；当水少了，浮球下降，阀门打开，又再进水，如此循环。这种方式较多应用在烧水器上和卫生间里的冲水器上。第二种是电缆式浮球开关，该装置通过弹性线泵连接，可用于水塔、水池水位的自动控制和水的保护。

（3）水位继电器控制水位。

水位继电器控制水位和通过非触式水位开关控制水位的方法与上述两种的原理是一样的，只是采用的输入设备不一样，不作为重点，就不赘述。

（4）通过非触式的水位开关控制水位。

二、工量具及材料准备

表 4-1-1　工量具及材料清单

序号	名称	型号规格	数量	备注

续表：

序号	名称	型号规格	数量	备注

◇任务实施◇

表 4-1-2　工作任务指引

步骤	任务	要求
步骤 1	阅读任务要求，明确工作任务	明确任务，找出 I/O 信号
步骤 2	设计外部主电路	正确、合理
步骤 3	PLC 输入 / 输出地址分配（I/O 分配）	列表分配 I/O 地址
步骤 4	画出 PLC 的 I/O 接线图	连接正确，电源接线正确
步骤 5	设计 PLC 控制程序	采用合理指令设计程序
步骤 6	接线，编辑程序，系统调试	正确安装线路，熟练使用编程软件，调试结果符合要求

（1）阅读任务书，明确工作任务。

根据控制要求，要求通过水塔水位和水池水的变化自动调节，水塔上、下限控制开关和水池上、下限控制开关可用浮球开关、水位继电器和非接触式的水位开关等。本任务没有具体要求，在试验装置上可用普通开关代替，因为实训室不能模拟现场场景，输入 / 输出设备就用实训室里常有的普通设备代替分析原理，实训室里有什么可以替代的都行，不用明确。作为输入设备，水泵电动机和电磁阀为输出设备。

（2）画出 PLC 控制系统的外部主电路。

（3）根据控制要求，填写 I/O 分配表（表 4-1-3）。

表 4-1-3　水塔水位控制 I/O 地址分配表

输入			输出		
外部元件	地址	功能	外部元件	地址	功能

（4）根据 I/O 分配表，画出 PLC 的 I/O 接线图。

（5）设计 PLC 梯形图程序。

（6）程序调试。

按下列步骤进行程序系统调试（表 4-1-4），调试完成后，整理工位，做好记录，完成实训报告。

表 4-1-4　程序调试步骤及要求

步骤	操作内容	注意事项	记录
程序编辑	在编程软件上编辑梯形图程序	正确、熟练使用编程软件	
电路连接	根据接线图连接电路	断电状态下正确连接电路	
通电调试	下载程序、运行调试	观察程序运行结果，调试直到结果正确	
实训总结	整理实训工位，完成实训报告		

本任务计算结果存储在 PLC 的数据寄存器内，请同学们思考应如何查看、验证计算结果是否正确。

◇任务评价◇

表 4-1-5　水塔水位控制控制评价表

<table>
<tr><td colspan="3">班级：________
小组：________
姓名：________</td><td colspan="5">指导教师：________
日　　期：________</td></tr>
<tr><td rowspan="2">评价项目</td><td rowspan="2">评价标准</td><td rowspan="2">评价依据</td><td colspan="3">评价方式</td><td rowspan="2">权重</td><td rowspan="2">得分小计</td></tr>
<tr><td>学生自评
20%</td><td>小组互评
30%</td><td>教师评价
50%</td></tr>
<tr><td>职业素养</td><td>1. 作风严谨、自觉遵章守纪
2. 按时、按质完成工作任务
3. 积极主动承担工作任务，勤学好问
4. 人身安全与设备安全
5. 工作岗位 7 完成情况</td><td>1. 出勤情况
2. 工作态度
3. 劳动纪律
4. 团队协作精神</td><td></td><td></td><td></td><td>0.2</td><td></td></tr>
<tr><td>专业能力</td><td>1. 工作任务的分析情况
2. 主电路绘制情况
3. I/O 分配情况
3. 梯形图设计图情况
4. 安装接线情况
5. 调试运行情况</td><td>1. 回答的准确性
2. 项目完成情况</td><td></td><td></td><td></td><td>0.7</td><td></td></tr>
<tr><td>创新能力</td><td>1. 在任务完成过程中能提出自己的见解或方案
2. 在教学或生产管理上提出的建议具有创新性</td><td>1. 方案的可行性
2. 建议的可行性</td><td></td><td></td><td></td><td>0.1</td><td></td></tr>
<tr><td>合计</td><td></td><td></td><td></td><td></td><td></td><td></td><td></td></tr>
</table>

◇任务拓展◇

当水池水位高于上限水位（S3 为 ON）时，电磁阀 Y 应关闭，若 2 s 内开关 S3 仍未由闭合转为分断，表明电磁阀 Y 继续工作，出现故障，则指示灯 Y 闪烁报警。

◇课后作业◇

完成本任务的实验（实训）报告。

附：本任务参考程序（图 4-1-2）

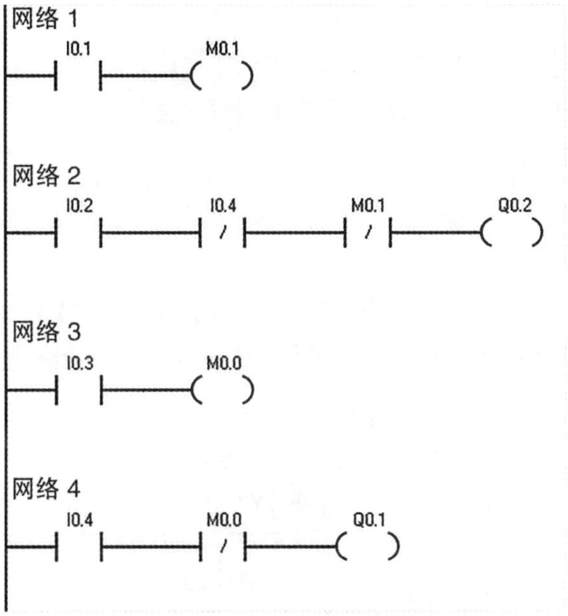

网络 1

I0.1　M0.1

网络 2

I0.2　I0.4　M0.1　Q0.2

网络 3

I0.3　M0.0

网络 4

I0.4　M0.0　Q0.1

图 4-1-2　水塔水位控制

任务 2　多种液体混合控制

◇任务目标◇

1. 了解多种液体自动混合控制系统的工作原理；
2. 掌握梯形图的编程方法和指令程序的编写方法。

建议课时：4 课时。

◇任务要求◇

如图 4-2-1 所示，初始状态容器为空，电磁阀 Y1、Y2、Y3、Y4 和搅拌机 M 为关断状态，液面传感器 L1、L2、L3 均为 OFF。

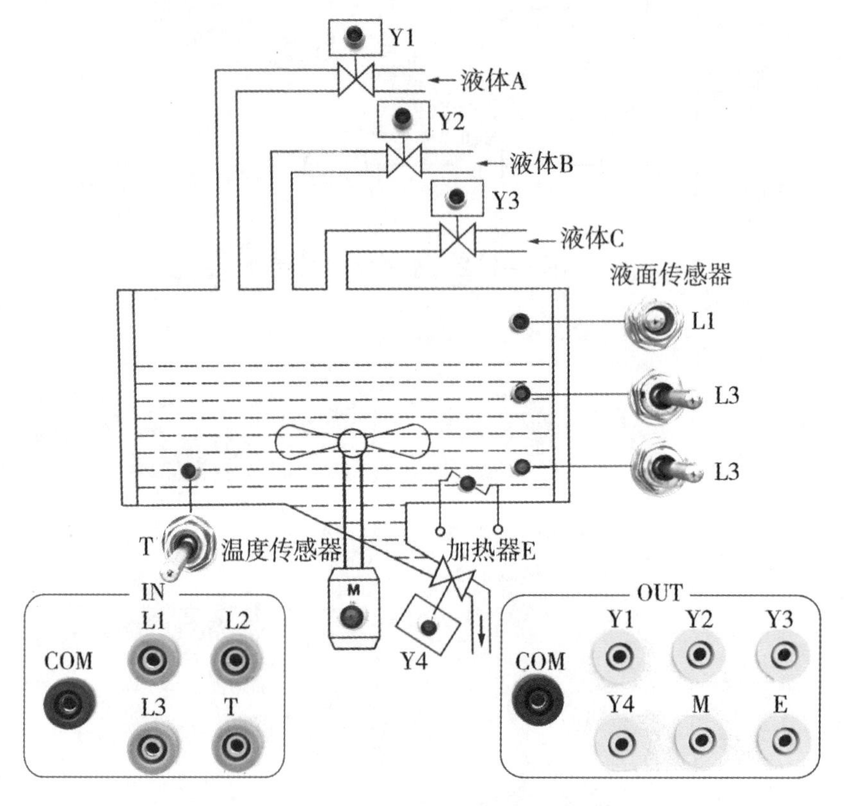

图 4-2-1　多种液体混合示意图

按下启动按钮，电磁阀 Y1、Y2 打开，注入液体 A 与 B，液面高度为 L2 时（此时 L2 和 L3 均为 ON），停止注入（Y1、Y2 均为 OFF）。同时开启液体 C 的电磁阀

Y3（Y3 为 ON），注入液体 C，当液面升至 L1 时（L1 为 ON），停止注入（Y3 为 OFF）。开启搅拌机 M，搅拌时间为 3 s。之后电磁阀 Y4 开启，排出液体，当液面高度降至 L3 时（L3 为 OFF），再延时 5 s，Y4 关闭。

按下启动按钮可以重新开始工作。

◇任务准备◇

一、知识准备

随着经济的发展和社会的进步，各种工业自动化的不断升级，在生产的第一线有着各种各样的自动加工系统，其中把多种原材料混合再加工，是其中最为常见的一种自动加工系统。在加工初期，把多种原料在合适的时间和条件下进行加工以得到新产品，一直都是在人的监控或操作下进行的，后来多用继电器系统对顺序或逻辑的操作过程进行自动化操作。随着时代的发展，这些方式已经不能满足工业生产的实际需要。实际生产中需要更精确、更便捷的控制装置，基于 PLC 控制的多种液体混合的控制可实现在混合过程中的精确控制。

二、工量具及材料准备

表 4-2-1　工量具及材料清单

序号	名称	型号规格	数量	备注

◇任务实施◇

（1）阅读任务书，明确工作任务。

（2）画出 PLC 控制系统的外部主电路。

（3）根据控制要求，填写 I/O 分配表（表 4-2-2）。

表 4-2-2　多种液体混合控制 I/O 地址分配表

输入			输出		
外部元件	地址	功能	外部元件	地址	功能

（4）根据 I/O 分配表，画出 PLC 的 I/O 接线图。

（5）设计 PLC 梯形图程序。

（6）程序调试。

按下列步骤进行程序系统调试（表 4-2-3），调试完成后，整理工位，做好记录，完成实训报告。

表 4-2-3　程序调试步骤及要求

步骤	操作内容	注意事项	记录
程序编辑	在编程软件上编辑梯形图程序	正确、熟练使用编程软件	
电路连接	根据接线图连接电路	断电状态下正确连接电路	
通电调试	下载程序、运行调试	观察程序运行结果，调试直到结果正确	
实训总结	整理实训工位，完成实训报告		

◇任务评价◇

表 4-2-4　多种液体混合控制 评价表

班级：________ 小组：________ 姓名：________			指导教师：________ 日　　期：________				
评价项目	评价标准	评价依据	评价方式			权重	得分小计
			学生自评 20%	小组互评 30%	教师评价 50%		
职业素养	1. 作风严谨、自觉遵章守纪 2. 按时、按质完成工作任务 3. 积极主动承担工作任务，勤学好问 4. 人身安全与设备安全 5. 工作岗位 7S 完成情况	1. 出勤情况 2. 工作态度 3. 劳动纪律 4. 团队协作精神				0.2	
专业能力	1. 工作任务的分析情况 2. 主电路绘制情况 3. I/O 分配情况 3. 梯形图设计图情况 4. 安装接线情况 5. 调试运行情况	1. 回答的准确性 2. 项目完成情况				0.7	
创新能力	1. 在任务完成过程中能提出自己的见解或方案 2. 在教学或生产管理上提出的建议具有创新性	1. 方案的可行性 2. 建议的可行性				0.1	
合计							

◇任务拓展◇

在上述液体混合的基础上，增加循环控制功能，即完成第 1 次液体混合并排除后，除可手动重新启动外，也可以自动循环控制。

◇课后作业◇

完成本任务的实验（实训）报告。

附：本任务参考程序（图 4-2-2）

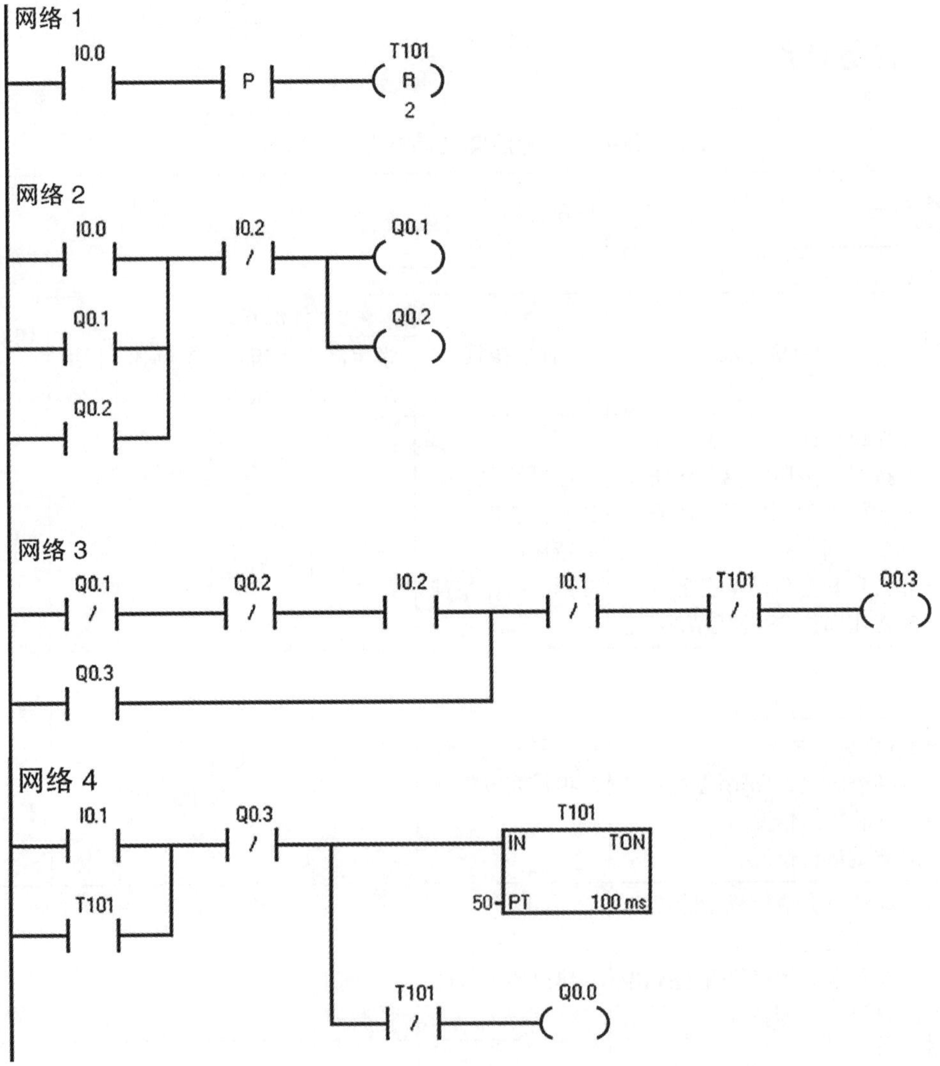

（a）

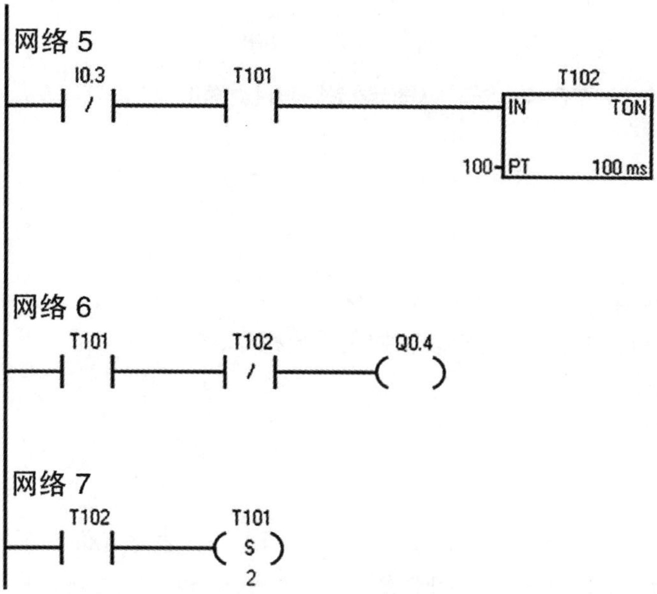

网络 5

I0.3　T101　T102

IN　TON

100-PT　100 ms

网络 6

T101　T102　Q0.4

网络 7

T102　T101

S

2

(b)

图 4-2-2　多种液体混合控制参考程

任务 3　自动送料控制

◇任务目标◇

1. 理解自动送料装车控制系统的工作流程；
2. 掌握用编程软件编写自动送料装车控制系统程序；

建议课时：6 学时。

◇任务要求◇

如图 4-3-1 所示，初始状态，红灯 L2 灭，绿灯 L1 亮，表示允许汽车进入装料。料斗 K2 与电动机 M1、M2、M3 皆为 OFF。

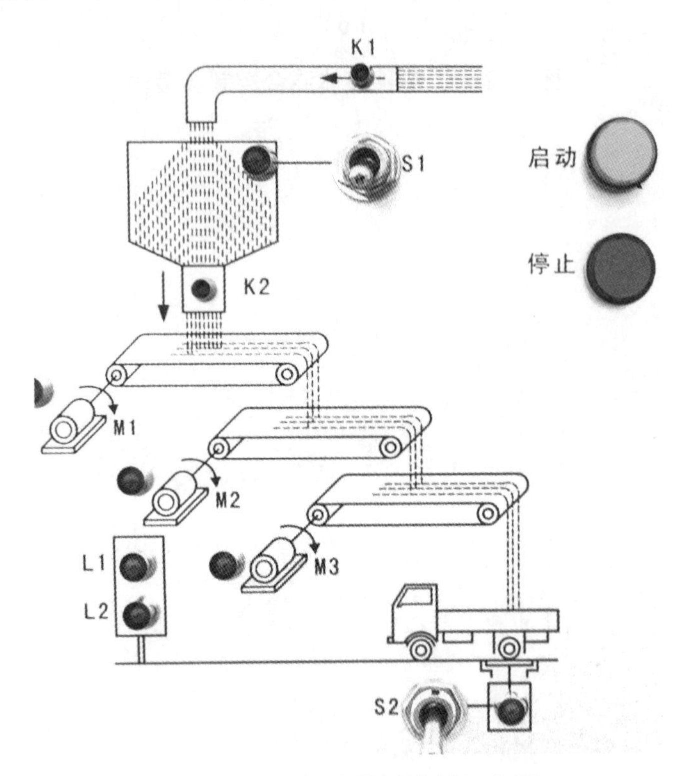

图 4-3-1　自动送料控制示意图

当汽车到来时（用 S2 开关接通表示），L2 亮，L1 灭，M3 运行，电动机 M2 在 M3 接通 2 s 后运行，电动机 M1 在 M2 启动 2 s 后运行，延时 2 s 后，料斗 K2 打开出料。当汽车装满料后（用 S2 断开表示），料斗 K2 关闭，电动机 M1 延时 2 s 后停止，

M2 在 M1 停 2 s 后停止，M3 在 M2 停 2 s 后停止。L1 亮，L2 灭，此时汽车可以开走。

S1 是料斗中料位检测开关，其闭合表示料满，K2 可以打开；S1 分断时，表示料斗内未满，K1 打开，K2 不打开。

◇任务准备◇

一、知识准备

传统的运料小车大都是由继电器控制，而继电器控制有着接线繁多、故障率高维护维修不易等缺点。基于 PLC 控制的自动送料装车系统是用于物料输送的流水线设备，其主要用于煤粉、细砂等材料的运输。自动送料装车系统一般由给料器、传送带、小车等单体设备组合来完成特定的过程。这类系统的控制需要动作稳定，具备连续可靠工作的能力。这类系统通过电动机和传送带、料斗、小车等的配合，能稳定、有效率地进行自动送料装车过程。

二、工量具及材料准备

表 4-3-1　工量具及材料清单

序号	名称	型号规格	数量	备注

◇任务实施◇

（1）阅读任务书，明确工作任务。

（2）画出 PLC 控制系统的外部主电路。

（3）根据控制要求，填写 I/O 分配表（表 4-3-2）。

表 4-3-2　自动送料控制 I/O 地址分配表

输入			输出		
外部元件	地址	功能	外部元件	地址	功能

（4）根据 I/O 分配表，画出 PLC 的 I/O 接线图。

（5）设计 PLC 梯形图程序。

（6）程序调试。

按下列步骤进行程序系统调试（表 4-3-3），调试完成后，整理工位，做好记录，完成实训报告。

表 4-3-3　程序调试步骤及要求

步骤	操作内容	注意事项	记录
程序编辑	在编程软件上编辑梯形图程序	正确、熟练使用编程软件	
电路连接	根据接线图连接电路	断电状态下正确连接电路	
通电调试	下载程序、运行调试	观察程序运行结果，调试直到结果正确	
实训总结	整理实训工位，完成实训报告		

◇任务评价◇

表 4-3-4　自动送料控制评价表

<table>
<tr><td colspan="3">班级：________
小组：________
姓名：________</td><td colspan="6">指导教师：__________
日　　期：__________</td></tr>
<tr><td rowspan="2">评价项目</td><td rowspan="2">评价标准</td><td rowspan="2">评价依据</td><td colspan="3">评价方式</td><td rowspan="2">权重</td><td rowspan="2">得分小计</td></tr>
<tr><td>学生自评 20%</td><td>小组互评 30%</td><td>教师评价 50%</td></tr>
<tr><td>职业素养</td><td>1. 作风严谨、自觉遵章守纪
2. 按时、按质完成工作任务
3. 积极主动承担工作任务，勤学好问
4. 人身安全与设备安全
5. 工作岗位 7S 完成情况</td><td>1. 出勤情况
2. 工作态度
3. 劳动纪律
4. 团队协作精神</td><td></td><td></td><td></td><td>0.2</td><td></td></tr>
<tr><td>专业能力</td><td>1. 工作任务的分析情况
2. 主电路绘制情况
3. I/O 分配情况
4. 梯形图设计图情况
5. 安装接线情况
6. 调试运行情况</td><td>1. 回答的准确性
2. 项目完成情况</td><td></td><td></td><td></td><td>0.7</td><td></td></tr>
<tr><td>创新能力</td><td>1. 在任务完成过程中能提出自己的见解或方案
2. 在教学或生产管理上提出的建议具有创新性</td><td>1. 方案的可行性
2. 建议的可行性</td><td></td><td></td><td></td><td>0.1</td><td></td></tr>
<tr><td>合计</td><td></td><td></td><td></td><td></td><td></td><td></td><td></td></tr>
</table>

◇任务拓展◇

在本任务中，没有运料小车运料车次的计数设计，请增加车次的计数（按 10 车次编制程序）。

◇课后作业◇

完成本任务的实验（实训）报告。

附：本任务的参考程序（图 4-3-2）

网络 1
I0.0 M0.0

网络 2 网络标题
M0.0 / Q0.5
Q0.0

网络 3
I0.1 M0.1

网络 4
M0.1 P Q0.6 S 1
Q0.5 R 1
T200 R 6

图 4-3-2 自动送料控制参考程序（1）

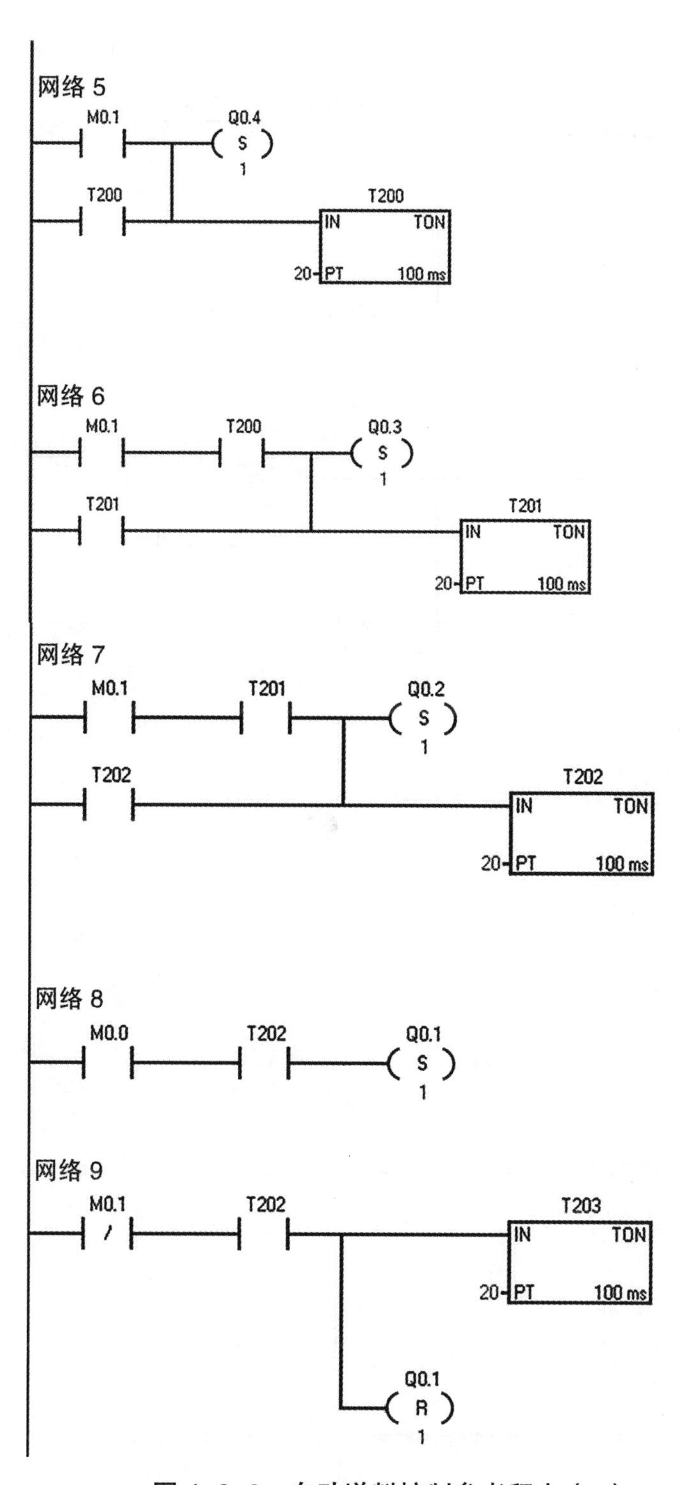

图 4-3-2　自动送料控制参考程序（2）

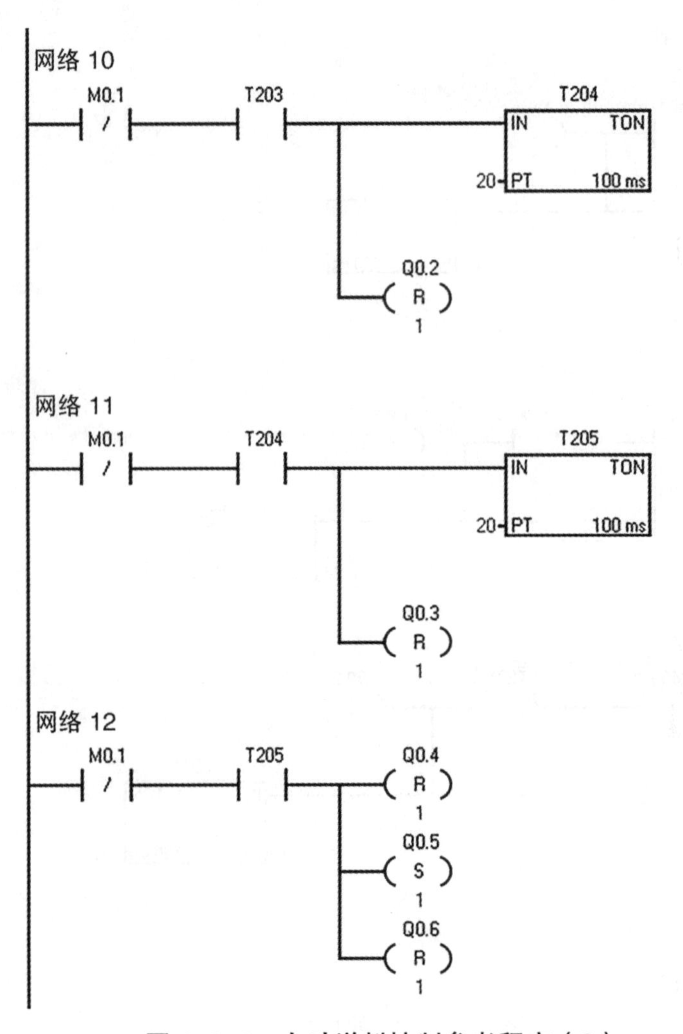

图 4-3-2 自动送料控制参考程序（3）

任务 4　自动洗衣机

◇任务目标◇

1. 掌握用 PLC 实现全自动洗衣机的控制原理；
2. 掌握 I/O 口的连接、PLC 程序的编写和调试运行。

建议课时：8 学时。

◇任务要求◇

自动洗衣机控制示意图如图 4-4-1 所示。

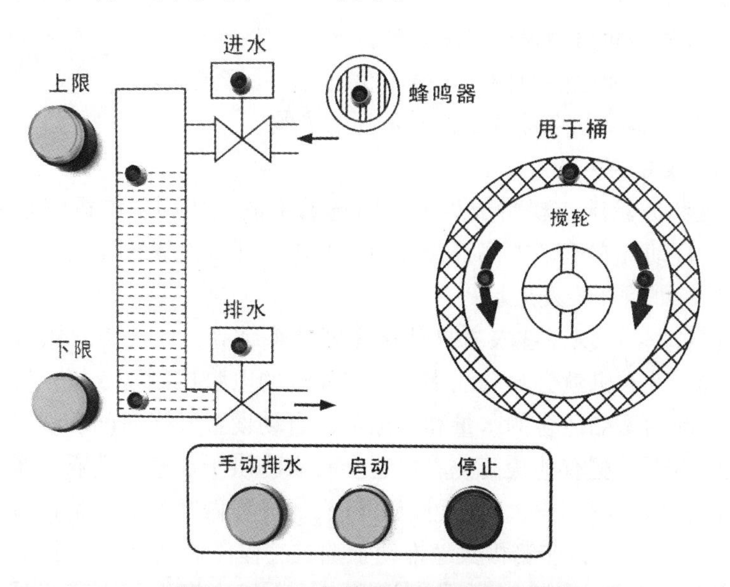

图 4-4-1　自动洗衣机控制示意图

（1）按下启动按钮，首先进水电磁阀打开，进水指示灯亮。
（2）按下上限按钮，进水指示灯灭，搅轮正反搅拌，两灯轮流亮灭。
（3）等待几秒钟，排水灯亮，后甩干桶灯亮了又灭。
（4）按下下限按钮，排水灯灭，进水灯亮。
（5）重复步骤（1）~（4）两次。
（6）第三次按下下限按钮时，蜂鸣器灯亮 5 s 后灭，整个过程结束。
（7）操作过程中，按下停止按钮可结束动作。
（8）手动排水按钮是独立操作命令，按下手动排水后，必须要按下下限按钮。

◇任务准备◇

一、知识准备

1. 洗衣机的类型

（1）轮式洗衣机。

轮式洗衣机流行于日本、中国、东南亚等地。

（2）滚筒式洗衣机。

优点：微电脑控制所有功能，衣物无缠绕，是最不会损耗衣物的洗衣方式。

缺点：耗时，洗衣时间是普通的几倍，而且一旦关上门，洗衣过程中无法再打开，洁净力不强。

适合洗涤衣物：羊毛、羊绒以及丝绸、纯毛类织物。

（3）搅拌式洗衣机。

洗衣特点：衣物洁净力最强，省洗衣粉。

缺点：喜欢缠绕，相比前两种方式损坏性加大，噪音最大。

适合洗涤衣物：除需要特别洗涤之外的所有衣物。

2. 洗衣机发展趋势

滚筒洗衣机和波轮洗衣机将成为未来市场的主流，使用洗衣机就是为了方便、省力，现在的全自动洗衣机基本都符合人们的要求。那么洗衣机还会怎样进步或发展呢？归纳起来，有如下几个发展趋势。

（1）高度自动化：现在洗衣机自动化程度越来越高，只要将衣服放入洗衣机，简单地按两个键，洗衣机就会自动注水。一些先进的电脑控制洗衣机，还能自动感知衣物的重量，自动的添加适合的水量和洗涤剂，自动设置洗涤时间和洗涤力度，洗涤完以后自动漂洗甩干，更有些滚筒洗衣机还会将衣物烘干。整个洗衣过程完成以后，其还会用动听的音乐提醒用户，用户可以在洗衣的过程做其他的事情，节省了不少时间。总之，每一项技术的进步都极大地推动了洗衣过程自动化程度的提高。

（2）健康化：现代人对健康格外重视，对洗衣机也提出了更高的要求。有的洗衣机厂家采用纳米内桶，减少污垢附着；有的洗衣机设置有改进型漂洗程序，彻底漂净衣物上残留的洗涤剂，防止洗涤剂对人体的侵害；还有一些洗衣机采用臭氧进行杀菌，达到彻底灭菌的目的。

（3）节能：节能也是用户选择洗衣机时考虑的问题，有些洗衣机具有洗涤剂循环利用系统，可以将在外桶到排水泵之间浓度较高的洗涤剂通过循环水流带回外桶，循环使用，可以节约 20% 的洗涤剂。有的洗衣机采用专利的无孔内桶省水，普通的波轮洗衣机在注水时，内桶与外桶之间也有大量的水，洗涤时内桶外的水就浪费了。而无孔内桶只有内桶有水，这样可以充分利用洗衣机内的水，注水时比其他洗衣机少使用 40% 的水量，同时也可以节省洗涤剂和省电。

在工业控制系统中广泛应用的 PLC 能克服单片机的缺点，它是整体模块，集中了驱动电路、检测电路和保护电路以及通信联网功能。因此在运用中，硬件也相对简单，提高了控制系统的可靠性。另外它的编程语言也相对简单。因此在该设计中采用 PLC 来实现全自动洗衣机的工作过程。

二、工量具及材料准备

表 4-4-1　工量具及材料清单

序号	名称	型号规格	数量	备注

◇任务实施◇

（1）阅读任务书，明确工作任务。

（2）画出 PLC 控制系统的外部主电路。

（3）根据控制要求，填写 I/O 分配表（表 4-4-2）。

表 4-4-2　自动送料控制 I/O 地址分配表

输入			输出		
外部元件	地址	功能	外部元件	地址	功能

（4）根据 I/O 分配表，画出 PLC 的 I/O 接线图。

（5）设计 PLC 梯形图程序。

（6）程序调试。

按下列步骤进行程序系统调试（表 4-4-3），调试完成后，整理工位，做好记录，完成实训报告。

表 4-4-3　程序调试步骤及要求

步骤	操作内容	注意事项	记录
程序编辑	在编程软件上编辑梯形图程序	正确、熟练使用编程软件	
电路连接	根据接线图连接电路	断电状态下正确连接电路	
通电调试	下载程序、运行调试	观察程序运行结果，调试直到结果正确	
实训总结	整理实训工位，完成实训报告		

◇任务评价◇

表 4-4-4　自动洗衣机控制评价表

班级：________ 小组：________ 姓名：________		指导教师：________ 日　　期：________					
评价项目	评价标准	评价依据	评价方式			权重	得分小计
			学生自评 20%	小组互评 30%	教师评价 50%		
职业素养	1. 作风严谨、自觉遵章守纪 2. 按时、按质完成工作任务 3. 积极主动承担工作任务，勤学好问 4. 人身安全与设备安全 5. 工作岗位 7S 完成情况	1. 出勤情况 2. 工作态度 3. 劳动纪律 4. 团队协作精神				0.2	
专业能力	1. 工作任务的分析情况 2. 主电路绘制情况 3. I/O 分配情况 3. 梯形图设计图情况 4. 安装接线情况 5. 调试运行情况	1. 回答的准确性 2. 项目完成情况				0.7	
创新能力	1. 在任务完成过程中能提出自己的见解或方案 2. 在教学或生产管理上提出的建议具有创新性	1. 方案的可行性 2. 建议的可行性				0.1	
合计							

◇任务拓展◇

调整一下洗衣机正、反搅拌的时间和循环次数后再进行调试。

◇课后作业◇

完成本任务的实习（实训）报告。

附：本任务的参考程序（图 4-4-1）

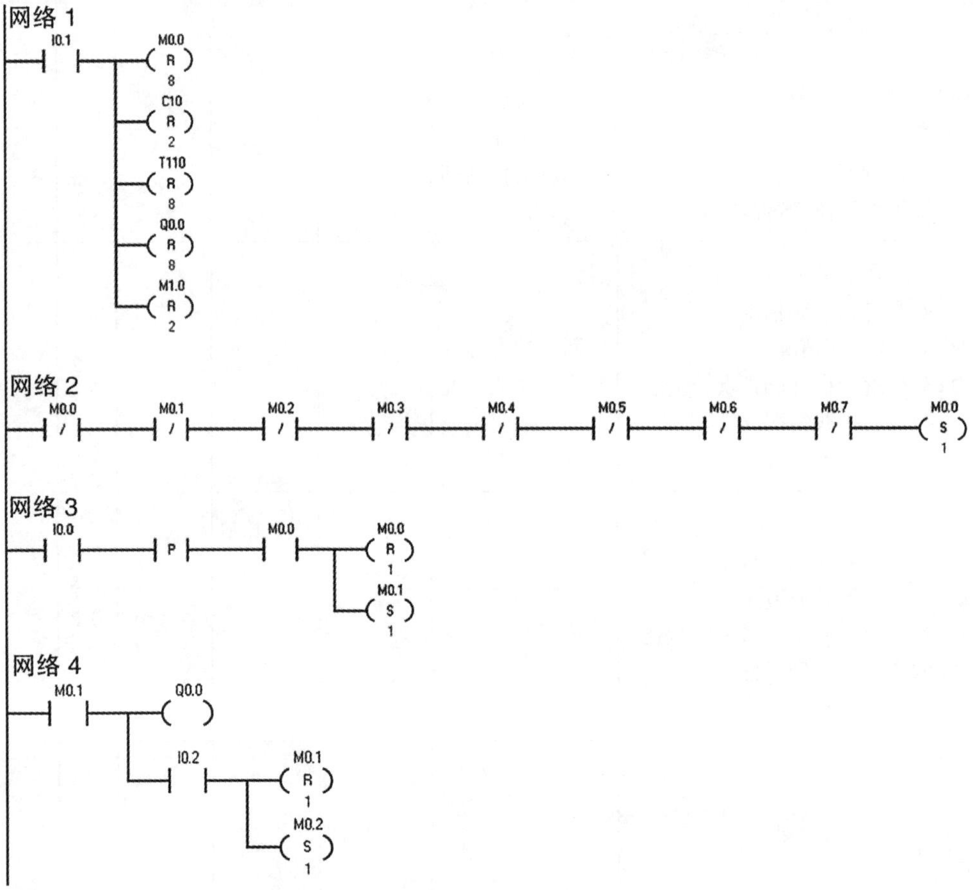

图 4-4-2　自动洗衣机控制参考程序（1）

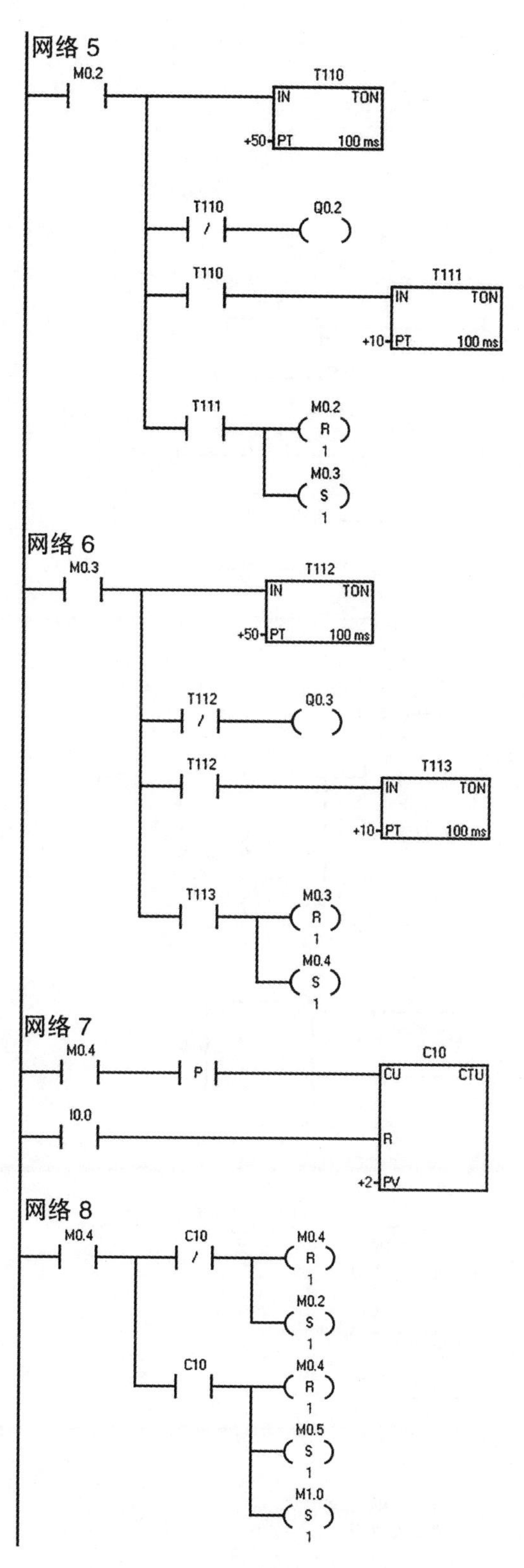

图 4-4-2　自动洗衣机控制参考程序（2）

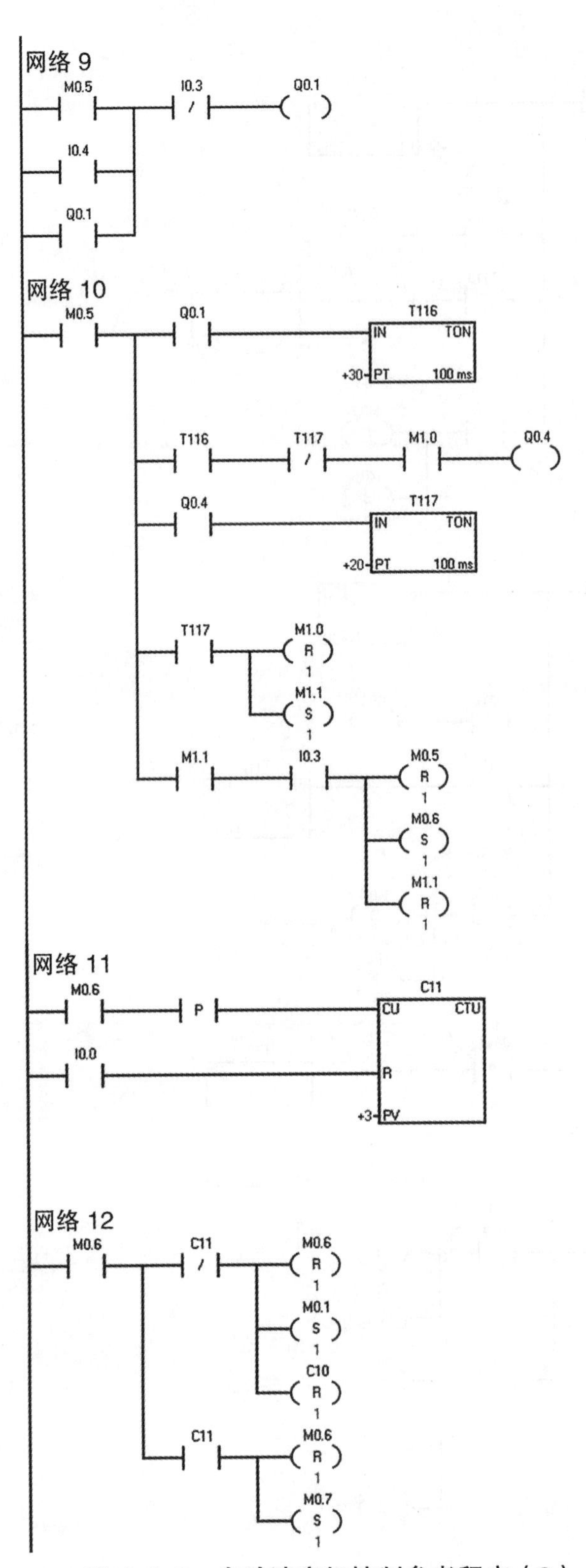

图 4-4-2　自动洗衣机控制参考程序（3）

网络 13

M0.7　T115　Q0.5

T115

IN　TON

+50 PT　100 ms

网络 14

T115　M0.7

R

1

图 4-4-2　自动洗衣机控制参考程序（4）

任务 5　步进电动机控制

◇任务目标◇

1. 了解步进电动机的工作原理；
2. 熟悉使用步进梯形指令编程的方法。

建议课时：8 学时。

◇任务要求◇

1. 步进电动机控制要求

步进电动机的控制方式是采用四相双四拍的控制方式，每步旋转 15°，每周走 24 步。电动机正转时的供电时序是 DC–CB–BA–AD，电动机反转时供电时序是 AB–BC–CD–DA。

2. 步进电动机单元开关功能

步进电动机单元设有一些开关，其功能如下：

（1）启动 / 停止开关：控制步进电动机启动或停止。

（2）正转 / 反转开关：控制步进电动机正转或反转。

（3）速度开关：控制步进电动机连续运行和单步运行，其中 S 挡为单步运行，N3 挡为高速运行，N2 挡为中速运行，N1 挡为低速运行。

（4）单步按钮开关：当速度开关置于速度 S 挡时，按下单步按钮，电动机运行一步。

步进自动机控制示意图如图 4–5–1 所示。

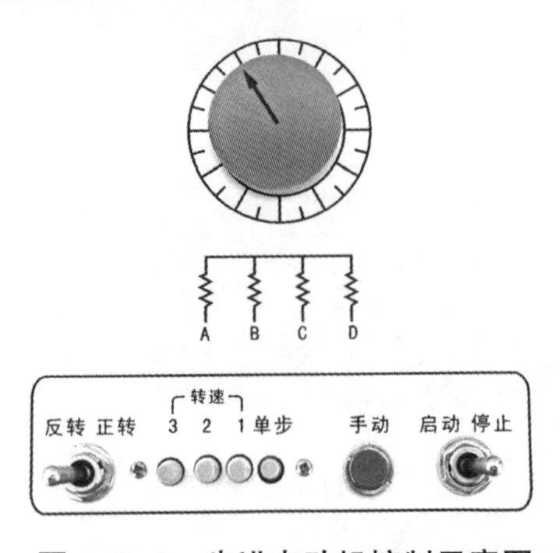

图 4–5–1　步进电动机控制示意图

◇任务准备◇

一、知识准备

步进电动机是一种将电脉冲信号转换成相应角位移或线位移的电动机，它的运行需要专门的驱动电源，驱动电源的输出受外部脉冲信号的控制。每个脉冲信号可使步进电动机旋转一个固定的角度，这个角度称为步距角。脉冲的数量决定了旋转的总角度，脉冲的频率决定了电动机旋转的速度。改变绕组的通电顺序可以改变电动机旋转的方向。在数字控制系统中，步进电动机既可以用作驱动电动机，也可以用作伺服电动机。它在工业过程控制中得到了广泛的应用，尤其在智能仪表和需要精确定位的场合应用更为广泛。步进电动机外形图如图 4-5-2 所示。

图 4-5-2　步进电动机外形图

步进电动机分为三种：永磁式（PM）、反应式（VR）及混合式（HB）。

永磁式步进电动机一般为两相，转矩和体积较小，步进角一般为 7.5° 或 15°。

反应式步进电动机一般为三相，可实现大转矩输出，步进角一般为 0.75°。输出转矩较大，转速也比较高。这种电动机，在机床上使用较多。

混合式步进电动机混合了永磁式和反应式电动机的优点。它可分为两相、三相、四相和五相。两相（四相）步距角一般为 1.8°，三相步距角通常为 1.2°，而五相步进角多为 0.7°。目前，混合式步进电动机的应用最为广泛。

原理：当电流流过定子绕组时，定子绕组产生一矢量磁场，该磁场会带动转子旋转一个角度，使得转子的一对磁场方向与定子的磁场方向一致。当定子的矢量磁场旋转一个角度，转子也随着该磁场转一个角度。每输入一个电脉冲，电动机转动一个角度前进一步。它输出的角位移与输入的脉冲数成正比、转速与脉冲频率成正比。改变绕组通电的顺序，电动机就会反转。所以可用控制脉冲数量、频率及电动机各相绕组的通电顺序来控制步进电动机的转动。

拍：步进电动机一个通电循环中，电动机每通入一次脉冲，就为一拍。单拍为每次为一个绕组通电，双拍为每次为两个绕组通电。

二、工量具及材料准备

表 4-5-1　工量具及材料清单

序号	名称	型号规格	数量	备注

◇任务实施◇

（1）阅读任务书，明确工作任务。

（2）画出 PLC 控制系统的外部主电路。

（3）根据控制要求，填写 I/O 分配表（表 4-5-2）。

表 4-5-2 步进电动机控制 I/O 地址分配表

输入			输出		
外部元件	地址	功能	外部元件	地址	功能

（4）根据 I/O 分配表，画出 PLC 的 I/O 接线图。

（5）设计 PLC 梯形图程序。

（6）程序调试。

按下列步骤进行程序系统调试（表 4-5-3），调试完成后，整理工位，做好记录，完成实训报告。

表 4-5-3 程序调试步骤及要求

步骤	操作内容	注意事项	记录
程序编辑	在编程软件上编辑梯形图程序	正确、熟练使用编程软件	
电路连接	根据接线图连接电路	断电状态下正确连接电路	
通电调试	下载程序、运行调试	观察程序运行结果，调试直到结果正确	
实训总结	整理实训工位，完成实训报告		

◇任务评价◇

表 4-5-4　步进电动机控制评价表

班级：________ 小组：________ 姓名：________		指导教师：________ 日　　期：________					
评价项目	评价标准	评价依据	评价方式			权重	得分小计
			学生自评 20%	小组互评 30%	教师评价 50%		
职业素养	1. 作风严谨、自觉遵章守纪 2. 按时、按质完成工作任务 3. 积极主动承担工作任务，勤学好问 4. 人身安全与设备安全 5. 工作岗位 7S 完成情况	1. 出勤情况 2. 工作态度 3. 劳动纪律 4. 团队协作精神				0.2	
专业能力	1. 工作任务的分析情况 2. 主电路绘制情况 3. I/O 分配情况 3. 梯形图设计图情况 4. 安装接线情况 5. 调试运行情况	1. 回答的准确性 2. 项目完成情况				0.7	
创新能力	1. 在任务完成过程中能提出自己的见解或方案 2. 在教学或生产管理上提出的建议具有创新性	1. 方案的可行性 2. 建议的可行性				0.1	
合计							

◇任务拓展◇

编写一个使步进电动机正转 5 圈，反转 5 圈的循环程序。

◇课后作业◇

完成本任务的实习（实训）报告。

附：本任务的参考程序（图 4-5-3）

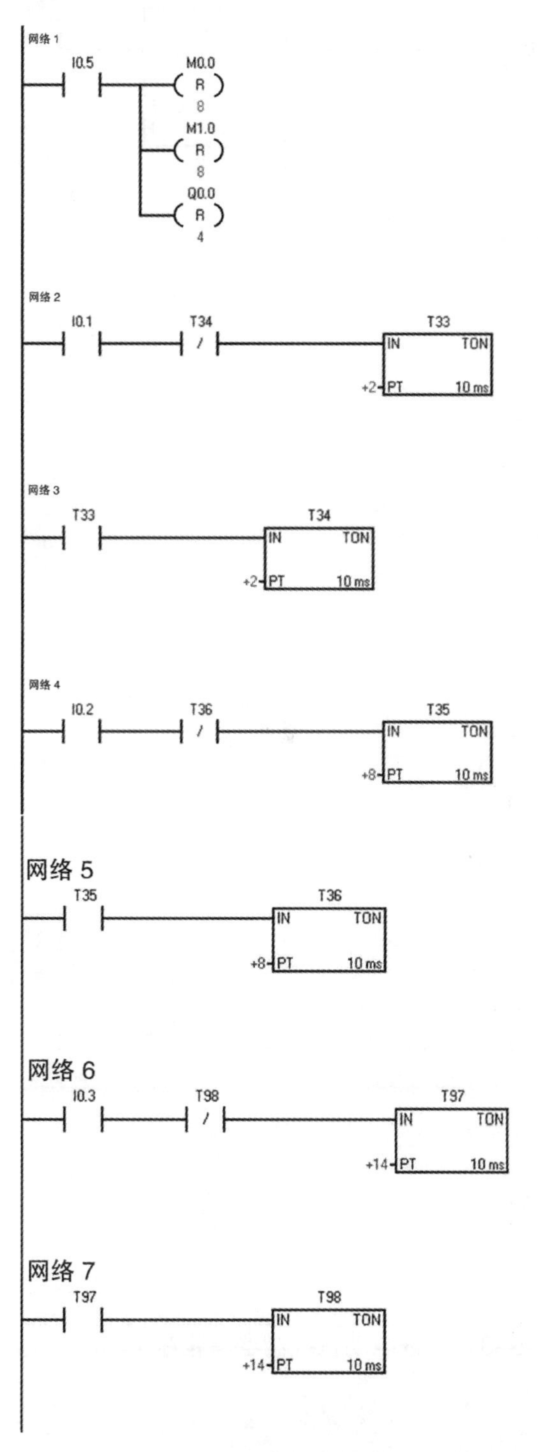

图 4-5-3　步进电动机控制参考程序（1）

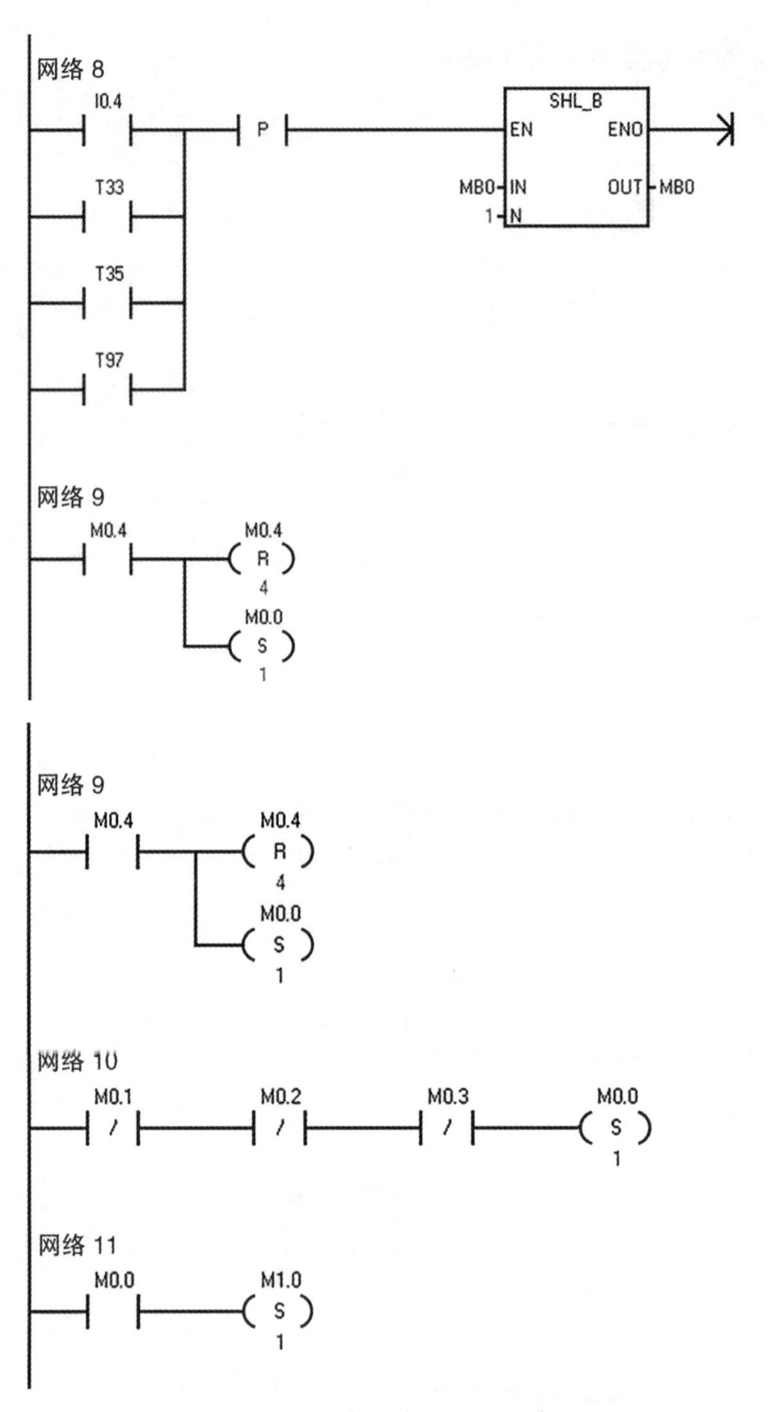

图 4-5-3　步进电动机控制参考程序（2）

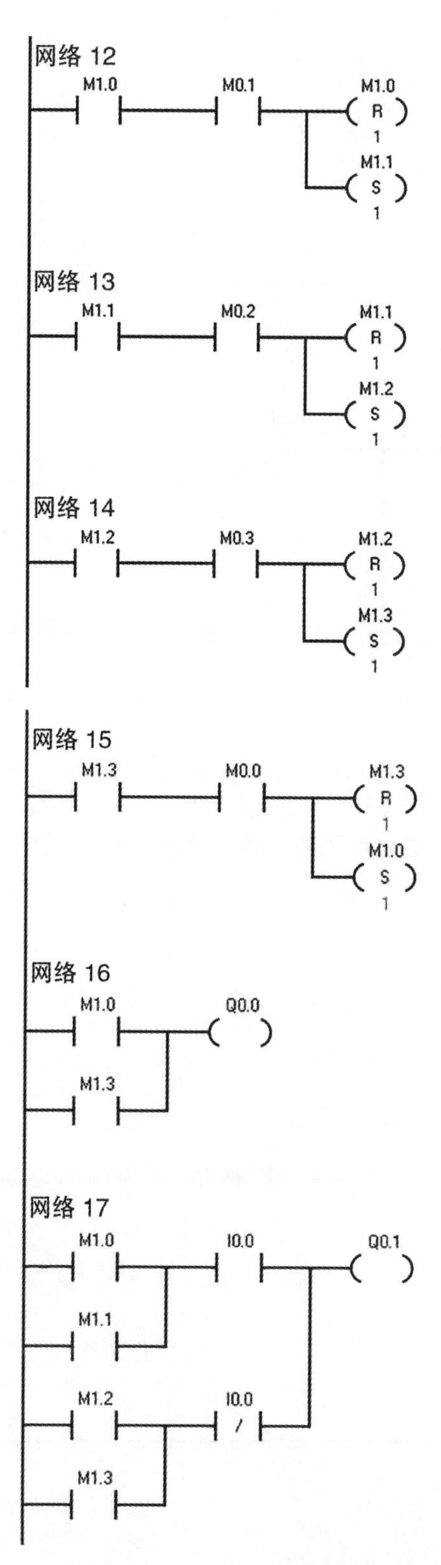

图 4-5-3　步进电动机控制参考程序（3）

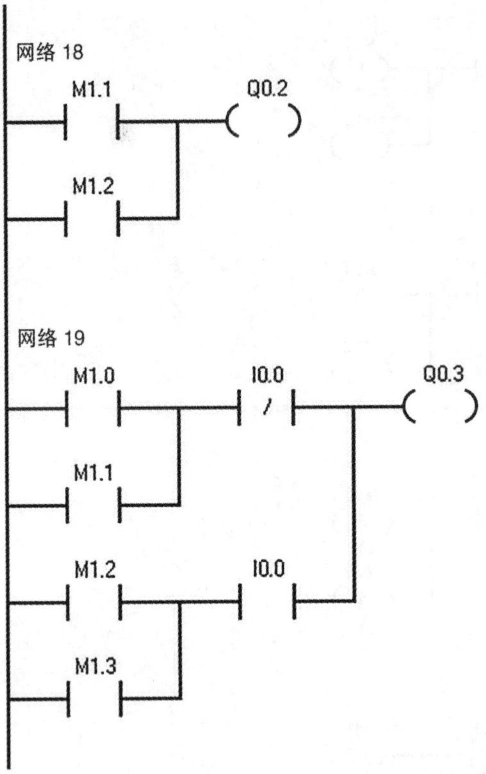

网络 18

M1.1 Q0.2

M1.2

网络 19

M1.0 I0.0 Q0.3

M1.1

M1.2 I0.0

M1.3

图 4-5-3　步进电动机控制参考程序（4）

任务 6　四层电梯控制

◇任务目标◇

1. 理解电梯的工作原理；
2. 掌握多输入量、多输出量、逻辑关系较复杂的程序控制。

建议课时：12 学时。

◇任务要求◇

（1）接收并登记电梯在楼层以外的所有指令信号、呼梯信号，给予登记并输出登记信号。

（2）根据最早登记的信号，自动判断电梯是上行还是下行，这种逻辑判断称为电梯的定向。

电梯的定向根据首先登记信号的性质可分为两种。一种是指令定向，是把指令指出的目的地与当前电梯的位置进行比较，得出上行或下行结论。例如，电梯在二楼，指令为一楼则向下行；指令为四楼则向上行。第二种是呼梯定向，是根据呼梯信号的来源位置与当前电梯位置进行比较，得出上行或下行结论。例如，电梯在二楼，三楼乘客要向下，则按 AX3，此时电梯的运行应该是向上到三楼接乘客，所以电梯应向上。

（3）电梯接收到多个信号时，采用首个信号定向，同向信号先执行，一个方向任务全部执行完后再换向。例如，电梯在三楼，依次输入二楼指令信号、四楼指令信号、一楼指令信号。如用信号排队方式，则电梯下行至二楼→上行至四楼→下行至一楼。而用同向先执行方式，则为电梯下行至二楼→下行至一楼→上行至四楼。显然，第二种方式往返路程较短，效率更高。

（4）具有同向截车功能。例如，电梯在一楼，指令为四楼则上行，上行中三楼有呼梯信号，如果该呼梯信号为呼梯向上（K5），则当电梯到达三楼时，电梯停站顺路载客；如果呼梯信号为 5、一个方向的任务执行完要换向时，依据最远站换向原则。例如，电梯在一楼，根据二楼指令向上，此时三楼、四楼分别有呼梯向下信号。电梯到达二楼停站，下客后继续向上。如果到三楼停站换向，则四楼的要求不能兼顾，如果到四楼停站换向，则到三楼可顺向截车。

◇任务准备◇

一、知识准备

电梯是宾馆、商店、住宅、多层厂房和仓库等高层建筑不可缺少的垂直方向的运输工具。随着社会的发展，建筑物规模越来越大，楼层也越来越高，对电梯的调速精度、调速范围等静态和动态特性提出了更高的要求。

电梯是集机电一体的复杂系统，不仅涉及机械传动、电气控制和土建等工程领域，还要考虑可靠性、舒适感和美学等问题。而对现代电梯而言，其还应具有高度的安全性。事实上，在电梯上已经采用了多项安全保护措施。在设计电梯的时候，对机械零部件和电器元件都采取了很大的安全系数和保险系数。然而只有电梯的制造、安装调试、售后服务和维修保养都达到高质量，才能全面保证电梯的最终高质量。目前，由可编程序控制器（PLC）和微机组成的电梯运行逻辑控制系统，正以很快的速度发展着。采用 PLC 控制的电梯可靠性高、维护方便、开发周期短，这种电梯运行更加可靠，并具有很大的灵活性，可以完成更为复杂的控制任务，已成为电梯控制的发展方向。

1. 电梯输入信号及其意义

（1）位置信号。

位置信号由安装于电梯停靠位置的 4 个传感器 SQ1~SQ4 产生，平时为 OFF，当电梯运行到该位置时 ON。

（2）指令信号。

指令信号有 4 个，分别由 K7~K10（分别表示楼层 1~4）4 个指令按钮产生。按下某按钮时，表示电梯内乘客欲往相应楼层。

（3）呼梯信号。

呼梯信号有 6 个，分别由 K1~K6 呼梯按钮产生。按下呼梯按钮，表示电梯外乘客欲乘电梯。例如，按下 K3 按钮则表示二楼乘客欲往上，按下 K4 按钮则表示三楼乘客欲往下。

2. 电梯输出信号及其意义

（1）运行方向信号。

运行方向信号有两个，由两个箭头指示灯组成，显示电梯的运行方向。

（2）指令登记信号。

指令登记信号有 4 个，分别由指示灯 HL11~L14 组成，表示相应的指令信号已被接受（登记）。指令执行完后，信号消失（消号）。例如，电梯在二楼，按“三”表示电梯内乘客欲往三楼，则 HL12 亮，表示该要求已被接受。电梯向上运行到三楼停靠，此时 HL12 灯灭。

（3）呼梯登记信号。

呼梯登记信号有 6 个，分别由指示灯 HL1~HL6 组成，其意义与上述指令登记信

号相类似。

（4）楼层数显信号。

该信号表示电梯目前所在的楼层位置。由七段数码显示构成，LEDa~LEDg 分别代表各段笔画。

二、工量具及材料准备

表 4-6-1　工量具及材料清单

序号	名称	型号规格	数量	备注

◇任务实施◇

（1）阅读任务书，明确工作任务。

（2）画出 PLC 控制系统的外部主电路。

（3）根据控制要求，填写 I/O 分配表（表 4-6-2）。

表 4-6-2　四层电梯控制 I/O 地址分配表

输入			输出		
外部元件	地址	功能	外部元件	地址	功能
SQ1	I0.0	一楼位置开关	HL1	Q0.0	上行指示
SQ2	I0.1	二楼位置开关	HL2	Q0.1	下行指示
SQ3	I0.2	三楼位置开关	KM1	Q0.2	上行驱动
SQ4	I0.3	四楼位置开关	KM2	Q0.3	下行驱动
K10	I0.4	一楼指令开关	HL11	Q0.4	一楼指令登记
K9	I0.5	一楼指令开关	HL12	Q0.5	二楼指令登记
K8	I0.6	一楼指令开关	HL13	Q0.6	三楼指令登记
K7	I0.7	一楼指令开关	HL14	Q0.7	四楼指令登记
K1	I1.0	一楼上行按钮	HL21	Q1.0	一楼上行呼梯登记
K3	I1.1	二楼上行按钮	HL22	Q1.1	二楼上行呼梯登记
K5	I1.2	三楼上行按钮	HL23	Q1.2	三楼上行呼梯登记
K2	I1.3	二楼下行按钮	HL31	Q1.3	二楼下行呼梯登记
K4	I1.4	三楼下行按钮	HL32	Q1.4	三楼下行呼梯登记
K6	I1.5	四楼下行按钮	HL33	Q1.5	四楼下行呼梯登记
			HL3	Q1.6	开门模拟
			HL4	Q1.7	关门模拟
			HL41	Q2.0	一层显示
			HL42	Q2.1	二层显示
			HL43	Q2.2	三层显示
			HL44	Q2.3	四层显示

（4）根据 I/O 分配表，画出 PLC 的 I/O 接线图。

（5）设计 PLC 梯形图程序

（6）程序调试。

按下列步骤进行程序系统调试（表 4-6-3），调试完成后，整理工位，做好记录，完成实训报告。

表 4-6-3　程序调试步骤及要求

步骤	操作内容	注意事项	记录
程序编辑	在编程软件上编辑梯形图程序	正确、熟练使用编程软件	
电路连接	根据接线图连接电路	断电状态下正确连接电路	
通电调试	下载程序、运行调试	观察程序运行结果，调试直到结果正确	
实训总结	整理实训工位，完成实训报告		

◇任务评价◇

表 4-6-4　四层电梯控制评价表

班级：__________ 小组：__________ 姓名：__________		指导教师：__________ 日　　期：__________					
评价项目	评价标准	评价依据	评价方式			权重	得分小计
			学生自评 20%	小组互评 30%	教师评价 50%		
职业素养	1. 作风严谨、自觉遵章守纪 2. 按时、按质完成工作任务 3. 积极主动承担工作任务，勤学好问 4. 人身安全与设备安全 5. 工作岗位 7S 完成情况	1. 出勤情况 2. 工作态度 3. 劳动纪律 4. 团队协作精神				0.2	
专业能力	1. 工作任务的分析情况 2. 主电路绘制情况 3. I/O 分配情况 3. 梯形图设计图情况 4. 安装接线情况 5. 调试运行情况	1. 回答的准确性 2. 项目完成情况				0.7	
创新能力	1. 在任务完成过程中能提出自己的见解或方案 2. 在教学或生产管理上提出的建议具有创新性	1. 方案的可行性 2. 建议的可行性				0.1	
合计							

◇任务拓展◇

在本任务中，未设计电梯轿厢开、关门，开门及防门夹控制，试增加这部分功能的设计。

◇课后作业◇

完成本任务的实习（实训）报告。

附：本任务的参考程序（图 4-6-1）

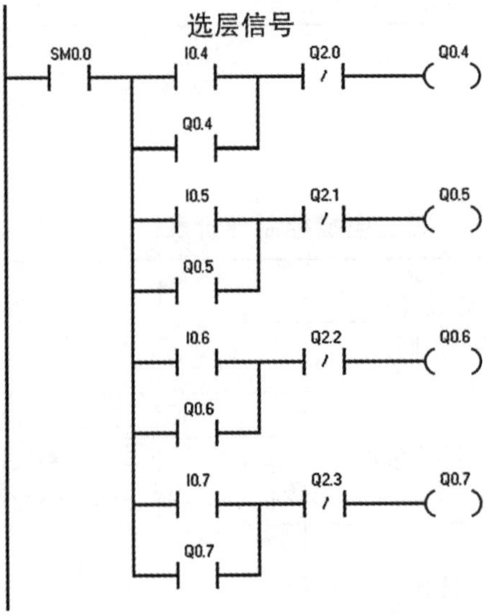

选层信号
SM0.0 I0.4 Q2.0 Q0.4
Q0.4
I0.5 Q2.1 Q0.5
Q0.5
I0.6 Q2.2 Q0.6
Q0.6
I0.7 Q2.3 Q0.7
Q0.7

图 4-6-1　四层电梯控制参考程序（1）

楼层呼叫

SM0.0　I1.0　Q2.0　Q1.0
Q1.0
I1.1　Q2.1　Q1.1
Q1.1　Q0.1
I1.2　Q2.2　Q1.2
Q1.2　Q0.1
I1.3　Q2.1　Q1.3
Q1.3　Q0.0
I1.4　Q2.2　Q1.4
Q1.4　Q0.0
I1.5　Q2.3　Q1.5
Q1.5

楼层显示

SM0.0　I0.0　I0.1　I0.2　I0.3　Q2.0
Q2.0
I0.1　I0.0　I0.2　I0.3　Q2.1
Q2.1
I0.3　I0.0　I0.1　I0.3　Q2.2
Q2.2
I0.3　I0.0　I0.1　I0.2　Q2.3
Q2.3

图 4-6-1　四层电梯控制参考程序（2）

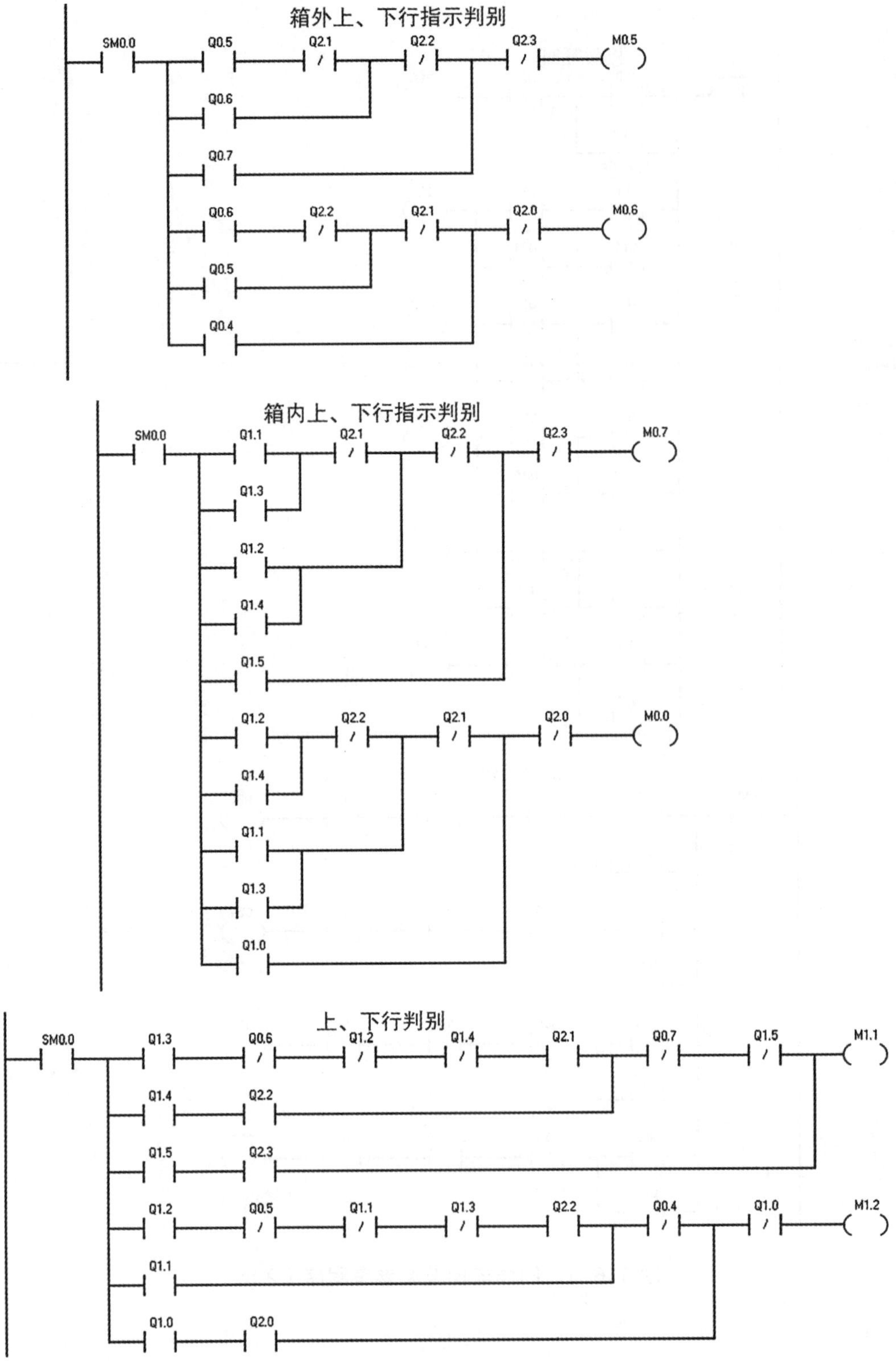

箱外上、下行指示判别

箱内上、下行指示判别

上、下行判别

图 4-6-1　四层电梯控制参考程序（3）

上、下行驱动

SM0.0 Q0.0 Q0.3 M0.7 M0.5 Q0.2

Q0.1 Q0.2 M0.7 M0.5 Q0.3

开门、关门判别

SM0.0 Q1.1 Q2.1 Q0.0 M1.5

Q1.2 Q2.2

Q1.3 Q2.1 Q0.1 M1.6

Q1.4 Q2.2

Q0.4 Q2.0 M1.0

Q0.5 Q2.1

Q0.6 Q2.2

Q0.7 Q2.3

M1.0 Q0.2 M0.5

M1.1 Q0.3

M1.2

M1.5

M1.6

图 4-6-1 四层电梯控制参考程序（4）

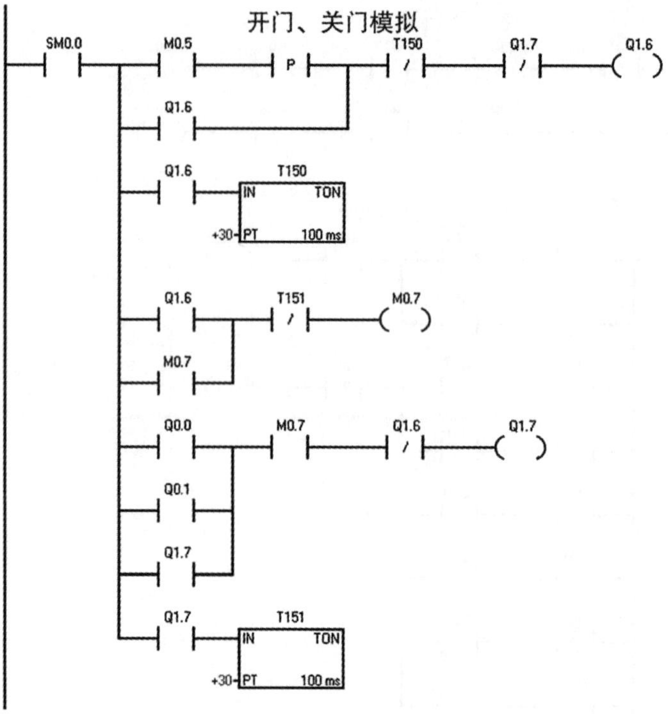

开门、关门模拟

SM0.0 M0.5 P T150 Q1.7 Q1.6
Q1.6
Q1.6 T150 IN TON +30 PT 100 ms
Q1.6 T151 M0.7
M0.7
Q0.0 M0.7 Q1.6 Q1.7
Q0.1
Q1.7
Q1.7 T151 IN TON +30 PT 100 ms

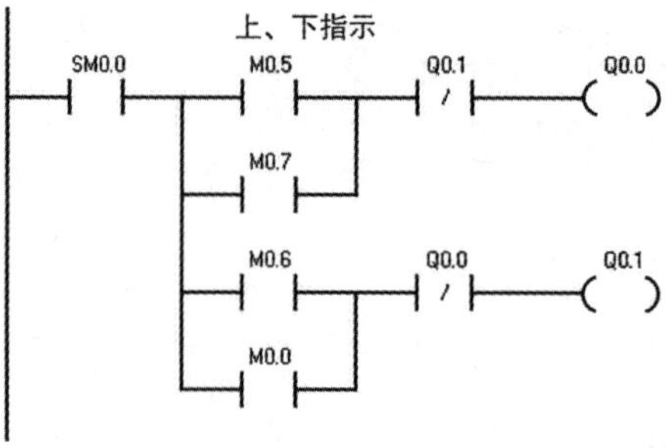

上、下指示

SM0.0 M0.5 Q0.1 Q0.0
M0.7
M0.6 Q0.0 Q0.1
M0.0

图 4-6-1 四层电梯控制参考程序（5）

参考文献

［1］周怀军.《S7-200PLC 技术基础及应用》［M］.北京：中国电力出版社，2011.

［2］向晓汉.西门子 S7-200PLC 完全精通教程［M］.北京：化学工业出版社，2012.

［3］王阿根.西门子 S7-200PLC 编程实例精解［M］.北京：电子工业出版社，2011 年.

［4］韩相争.西门子 S7-200SMART PLC 编程技巧与案例［M］.北京：化学工业出版社，2017.